GAOYA DIANLI YONGHU
GONGYONGDIAN GUIFAN ZHIDAO SHOUCE

高压电力用户
供用电规范指导手册

主　编　庄敬清
副主编　林女贵
参　编　黄　琳　蔡丽华　张兆芝　郑海平　陈丽婷
　　　　张莉莉　林锦明　李逢春　洪永顺　庄晓轩
　　　　李全少　王　骏　洪　敏

中国电力出版社
CHINA ELECTRIC POWER PRESS

内容提要

本书通过对高压电力用户的供用电规范要求进行详细阐述，指导高压电力用户规范、安全用电，提升用电管理水平。本书包括运行管理、安全工器具及施工机具、自备电源（双电源）管理、安全诚信用电、电力设施安全防破坏、电能质量管理要求、业扩报装及其他、分布式电源并网、触电急救等内容。

本书重点明确了高压电力用户在用电管理上需结合供电企业管理要求、相关法律法规及地方政策进行规范，并针对不同管理模块进行详细说明，适合各类需求的高压电力用户使用。

本书内容简洁准确，通俗易懂，可作为高压电力用户业务指导使用和参考。

图书在版编目（CIP）数据

高压电力用户供用电规范指导手册 / 庄敬清主编. —北京：中国电力出版社，2018.8

ISBN 978-7-5198-2170-8

Ⅰ. ①高… Ⅱ. ①庄… Ⅲ. ①高压电力系统－用电管理－技术手册 Ⅳ. ①TM7-62

中国版本图书馆 CIP 数据核字（2018）第 138582 号

出版发行：中国电力出版社
地　　址：北京市东城区北京站西街 19 号（邮政编码 100005）
网　　址：http://www.cepp.sgcc.com.cn
责任编辑：崔素媛（010-63412392）
责任校对：常燕昆
装帧设计：郝晓燕
责任印制：杨晓东

印　　刷：北京博图彩色印刷有限公司
版　　次：2018 年 8 月第一版
印　　次：2018 年 8 月北京第一次印刷
开　　本：880 毫米 ×1230 毫米　32 开本
印　　张：3
字　　数：74 千字
印　　数：0001—3000 册
定　　价：19.00 元

前言

随着我国电力行业迅速发展，工业自动化、电气化的程度越来越高，企业用电需求越来越大，安全、规范、可靠用电已成为用电企业安全、有序生产的重中之重。高压电力用户有责任、有义务参照安全供用电管理有关规定和法律法规认真执行，提升企业用电的安全管理水平，防止和杜绝人身伤害、财产损失。

为了进一步提高电网供电可靠性和高压电力用户的安全用电水平，营造和谐的供用电环境，在认真总结安全用电管理实践经验的基础上，结合相关地区电力用户安全用电的情况，依据《电力设施保护条例》《电力供应与使用条例》《电力安全工作规程》《供电营业规则》和其他有关政策和法律法规，编写本书。旨在指导高压电力用户安全用电行为，进一步提高企业进网电工的安全意识、作业意识和责任意识，引导用户科学、安全、节能用电，全面推进用户侧的安全规范管理，为企业安全生产和提高效益提供有力保障。

本书通过对不同管理模块的细化，详细阐述说明各项用电管理要求。从运行管理、安全工器具及施工机具、自备电源（双电源）管理、安全诚信用电、电力设施安全防破坏、电能质量管理要求、业扩报装及其他、分布式电源并网和触电急救等方面展开说明，涉及供用电安全规范的方方面面，具有广泛的参考价值。

本书仅供参考，具体的现场实施以相关的安全工作规程、规定和上级、行业部门颁布的文件为准。

由于时间仓促，加之水平有限，书中如有不当之处，望不吝赐教！

目 录

第一章　运 行 管 理

运行管理
调度指令严格执行
请复述刚才的调度指令
电气操作需两人进行
日常巡检不可怠慢
配电站严格做好看护
10kV线路的安全间距
两票管理制度
工作票
良好的管理才是安全的保障
明白!!

第一节 电气人员管理要求

一、电气人员应具备的条件

用电单位的电气设备投入电网运行之前，应建立和健全用电管理机构，配备足够的运行维护人员，并建立相关的规章制度。在用户受送电装置上作业的电工，必须经安全监管部门考核合格，取得安全监管部门考核发放“特种作业操作证（电工作业）”（见图 1-1），方可上岗作业。

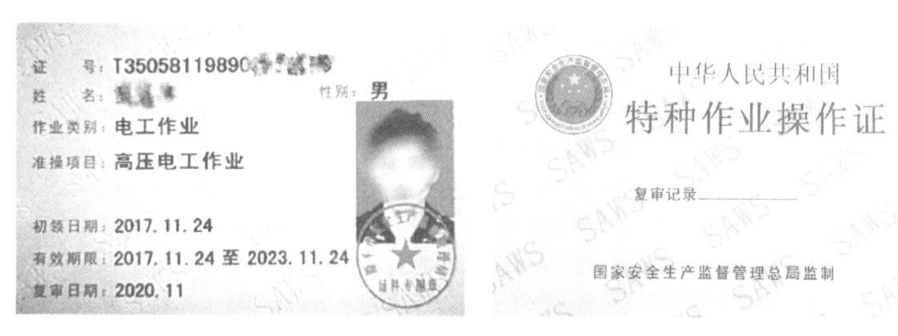

图 1-1 特种作业操作证（电工作业）

作业人员应具备下列条件：

（1）经医师鉴定，无妨碍工作的病症，身体健康者。

（2）具备必要的电气知识，熟悉电气安全规程，并经考试合格者。

（3）学会紧急救护法，特别应学会触电急救和心肺复苏法。

二、值班电工的配备

供电电压在 10kV 及以上，所有的变压器用户的变配电室（所）应配备电气运行进网作业值班电工，值班电工在技术行政上属公司（或厂）工程部（或动力设备科）领导，在运行操作关系上属供电企业调度室当值调度员调度。

三、专用变压器用户配备电工的要求

配置专用变压器的用电单位应严格遵守国家《电力安全工作

规程》，并按下列要求配备电工：

（1）至少配备2名电工。

（2）受电变压器容量在315kVA以下的，可聘用兼职电工。

（3）10kV电压等级及以上、专用变压器容量在315kVA及以上的，应安排专职电工24小时值班。

（4）10kV电压等级三路以上电源进线、35kV电压等级两路以上电源进线，或其他重要电力用户的受电变配电站，应安排2名专职电工24小时值班，且应明确其中1人为值长。

四、值班人员

1. 值班人员的要求

值班人员必须认真学习和贯彻执行有关规程制度，熟悉变配电室（所）的一、二次接线和设备分布、结构性能、操作要求及维护方法，了解变配电室（所）的运行方式、变压器分接开关位置、负荷情况及负荷调整措施。

2. 值班人员的职责

（1）遵守值班制度确保变配电室（所）的安全运行。

（2）认真监视控制屏、开关柜、配电屏上的各种仪表，认真做好各项记录，正确进行倒闸操作。

（3）定期巡视检查设备，发现设备缺陷和运行不正常时，应及时处理或请示主管部门并做好记录（见图1-2）。

图1-2 巡视检查设备

（4）发生事故进行紧急处理时，应把事故时间，当时的电压、电流、保护动作等异常情况和处理经过，详细记录在运行日记内。

（5）保管有关的各种图纸资料、工具仪器、安全工具、电气绝缘工具和消防器材，并做好设备及环境的清洁卫生工作。

（6）认真执行交接班制度，不得擅自离开岗位。

第二节　日常运维管理

一、交接班制度

（1）交接班制度应认真执行，交班人员必须为接班人员创造条件，做好运行记录、卫生等交班准备工作。

（2）交班负责人必须交代当值内设备运行和检修情况、存在问题及因事故处理所做的变更部分、上级指示及注意事项。

（3）交班过程中，若发生事故及重要操作时必须立即停止交接班，由当值进行处理，接班人员应积极配合，处理完毕后方可办理交班手续。

（4）接班人员应提前 5 分钟到变配电室（所）对设备进行分头检查，以便办理交班手续。

二、巡视检查制度

（1）有人值班的变配电室（所），对配电装置、电力变压器、电力电容器等应每班巡视一次，无人值班时，每日巡视一次。

（2）遇有恶劣天气（台风、暴雨、雷电等）应进行特殊巡视检查。

（3）车间电气设备（包括发电机及其控制设备）等也应定期进行巡视检查。

（4）巡视检查中发现的缺陷应详细记录，并及时处理消除，无法处理的汇报上一级领导处理。

三、设备例行检修试验制度

（1）用电单位的电气设备的检修周期应按制造厂的规定执行，高压配电装置、电力变压器、电力电缆的检修试验，应委托有资质的单位执行，其试验标准应符合电力部颁发的《电气设备交接和预防性试验标准》。

（2）用户电气设备年检周期建议为：

1）35kV用户：每年一次。

2）10kV用户：

① 双电源供电或装机容量在1000kVA及以上者，每年一次。

② 装机容量在1000kVA以下高供高计用户，每两年一次。

③ 高供低计专用变压器用户，每三年一次。

④ 对于免维护设备及运行条件好、维护到位的设备，可视其情况向供电企业申请适当延长其年检周期。

用户应当按照上述电气设备规定年检周期定期开展预防性试验，同时加强对电气设备和保护装置的检查、检修和试验，电气设备危及人身和运行安全时，应立即检修，及时消除设备隐患，预防发生电气设备事故和保护装置误动。

（3）电气设备预防性试验应包括变压器、进线电缆、开关柜、接地网、保护整组、双电源（含自备发电机、变压器箱门）电气联锁装置等项目。客户电气设备年检可向持有国家电力监管委员会颁发的《承装（修、试）电力设施许可证》的单位委托。承装（修、试）企业应严格按照电气设备预防性试验规程规定试验项目、试验标准进行试验，不得漏检设备、遗漏试验项目。所有试验报告必须送供电企业备案存档，供电企业发现试验数据有疑问、试验设备不合格或试验项目漏检可要求重试。

1）用电单位的电气设备计划检修、试验等需要供电部门停电配合时，应按规定时间要求提前至供电企业进行申请，并执行工作票和操作票制度，保证检修人员安全。

2）客户应结合停电，做好设备的防潮除尘和变配电室（所）

防小动物措施：包括所有孔洞、电缆沟洞应封堵，排风口、百叶门窗应加 10mm×10mm 细格铁丝网，巡视门应加装 50cm 高镀锌板门。

四、设备缺陷管理

缺陷管理包括缺陷的发现、建档、上报、处理、验收等全过程的闭环管理。

1. 缺陷按其严重程度分类

（1）危急缺陷：设备或建筑物发生了直接威胁安全运行并需立即处理的缺陷，否则，随时可能造成设备损坏、人身伤亡、大面积停电、火灾等事故。

（2）严重缺陷：对人身或设备有严重威胁，暂时尚能坚持运行但需尽快处理的缺陷。

（3）一般缺陷：上述危急、严重缺陷以外的设备缺陷，指性质一般、情况较轻、对安全运行影响不大的缺陷。

2. 设备缺陷的处理时限

危急缺陷处理不超过 24 小时；严重缺陷处理不超过 1 个月；需停电处理的一般缺陷不超过 1 个检修周期，可不停电处理的一般缺陷原则上不超过 3 个月。

3. 设备缺陷处理

值班人员发现与电力系统相连的一次设备缺陷时，应及时向相应供电企业调控人员汇报。对事故性缺陷在发现后应立即进行处理，以免扩大事故。缺陷未消除前，值班人员应加强设备巡视。

五、应配合供电企业的相关管理

以下事项发生前或发生时，用电方应及时采取相应措施，并在相应时限内书面通知供电企业：

（1）用电方发生重大用电安全事故及人身触电事故（24 小时内通知）。

（2）电能质量存在异常（24 小时内通知）。

（3）电能计量装置计量异常、失压断流记录装置的记录结果发生改变、用电信息采集装置运行异常（24小时内通知）。

（4）用电方拟对重要受电设施检修安排（提前1个月申请）。

（5）用电方拟作资产抵押、重组、转让、经营方式调整、名称变化、发生重大诉讼、仲裁等，可能对本合同履行产生重大影响的（提前1个月通知）。

（6）用电方其他可能对本合同履行产生重大影响的情况（提前或发生后7天内）。

（7）供电企业依法进行用电检查，用电方应提供必要方便，并根据检查需要，向供电企业提供相应真实资料。

（8）供电企业依供用电合同实施停、限电时，用电人应及时减少、调整或停止用电。

（9）用电信息采集及用电计量装置的抄录、安装、移动、更换、校验、拆除、加封、启封由供电企业负责，用电方应提供必要的方便和配合；安装在用电方处的用电计量装置由用电方妥善保管，如有异常，应及时通知供电企业。

第三节 倒闸操作

一、倒闸操作注意事项

（1）倒闸操作应填写操作票。

（2）停电拉闸操作应按照断路器（开关）—负荷侧隔离开关（刀闸）—电源侧隔离开关（刀闸）的顺序依次进行，送电合闸操作应按上述相反的顺序进行。

（3）操作过程中必须按操作票填写的顺序逐项操作，执行过程中不得颠倒顺序，不得增减步骤、跳步、隔步，如需改变应重新填写操作票。开始操作前，应先在模拟图板（或微机防误装置、微机监控装置）上进行核对性模拟预演，无误后，再进行设备操作。操作前应先核对设备名称、编号和位置，操作中应认真执行监护复诵制度（单人操作时也必须高声唱票），应全过程录音。执行操作票时，每操作完一步，应检查无误后打“√”记号，全部操作完毕后进行复查。单人操作或检修人员操作在倒闸操作过程中禁止解锁。

（4）除经上级相关部门批准的单人操作外，倒闸操作必须由两人执行，监护操作时，操作人在操作过程中不得有任何未经监护人同意的操作行为。

（5）操作中发生疑问时，操作人员应立即停止操作并向发令人报告。待发令人再行许可后，方可继续操作。不准擅自更改操作票，不准随意解除闭锁装置。由于设备原因不能操作时，应停止操作，查明原因，不能处理时应汇报值班调度员和单位管理部门。禁止使用非正常方法强行操作设备。

（6）电气设备操作后的位置检查应以设备各相实际位置为准，无法看见实际位置时，可通过设备机械位置指示、电气指示、带电显示装置、仪表及各种遥测、遥信信号的变化来判断。判断时，至少应有两个非同样原理或非同源的指示发生对应变化，且所有这些确定的指示均已同时发生对应变化，才能确认该设备已操作到位。以上检查项目应填写在操作票中作为检查项。检查中若发现其他任何信号有异常，操作人员均应停止操作。

（7）操作人员用绝缘棒拉合隔离开关（刀闸）、高压熔断器或传动机构拉合断路器（开关）和隔离开关（刀闸），均应戴绝缘手套。雨天操作室外高压设备时，绝缘棒应有防雨罩，操作人员还应穿绝缘靴。接地电阻不符合要求的，操作人员晴天也应穿绝缘靴。雷电时，一般不进行倒闸操作，禁止就地进行倒闸操作。

（8）装卸高压熔断器，操作人员应戴护目眼镜和绝缘手套，必要时使用绝缘夹钳，并站在绝缘垫或绝缘台上。

（9）断路器（开关）遮断容量应满足电网要求。如遮断容量不够，应将操动机构（操作机构）用墙或金属板与该断路器（开关）隔开，应进行远方操作，重合闸装置应停用。

（10）电气设备停电后（包括事故停电），操作人员在未拉开有关隔离开关（刀闸）和做好安全措施前，不得触及设备或进入遮栏，以防突然来电。

（11）单人操作时不得进行登高或登杆操作。

（12）在发生人身触电事故时，施救人员可以不经批准，即行断开有关设备的电源，但事后应立即报告调控人员和上级部门。

（13）封闭式电气设备操作前应关好柜门。

（14）配电开关柜更换后的送电操作前，倒闸操作人员应核对装设在原有配电开关柜上的接地线已全部如数收回。

（15）对具有防误闭锁功能的高压开关柜，在未合接地刀闸前柜门打不开，无法直接验电，需采用间接验电法确认无电压后，即可合上接地刀闸。若需在柜内工作，在柜门打开后，还应检查接地刀闸确已合到位，才能开始工作。

（16）允许遥控操作的隔离开关（刀闸），正常情况下隔离开关（刀闸）操作电源不断开。仅在检修状态或根据工作票要求断开隔离开关（刀闸）操作电源。

（17）操作人员在操作时应穿全棉长袖工作服，禁止戴围巾；女性的辫子、长发必须盘在安全帽内。操作时操作人员应戴绝缘手套，穿绝缘靴，衣服的袖口和裤子的裤管应塞入绝缘手套、绝缘靴内，严禁将绝缘手套套在或披在绝缘杆的操作把手上进行操作。

（18）倒闸操作应按照上级有关规定执行，当本指导手册意见与上级规定冲突时，按上级规定执行。

二、低压电气操作

（1）操作人员接触低压金属配电箱（表箱）前应先验电。

（2）有总断路器（开关）和分路断路器（开关）的回路停电，操作人员应先断开分路断路器（开关），后断开总断路器（开关）。送电操作顺序与此相反。

（3）有刀开关和熔断器的回路停电，操作人员应先拉开刀开关，后取下熔断器。送电操作顺序与此相反。

（4）有断路器（开关）和插拔式熔断器的回路停电，操作人员应先断开断路器（开关），并在负荷侧逐相验明确无电压后，方可取下熔断器。

第四节　保证安全的组织措施和技术措施

在高压设备上工作，应至少由两人进行，并完成保证安全的技术措施和组织措施。

一、保证安全的组织措施

1. 现场勘察制度

现场勘察应查看现场施工（检修）作业需要停电的范围、保留的带电部位和作业现场的条件、环境及其他危险点等。根据现场勘察结果，对危险性、复杂性和困难程度较大的作业项目，应编制组织措施、技术措施、安全措施，经本单位分管领导批准后执行。

2. 工作票制度

工作票上应明确工作内容、工作地点，所列安全措施应正确完备、符合现场实际条件，必要时予以补充。

3. 工作许可制度

填用工作票进行工作，工作负责人应在得到值班调度员的许可后，方可开始工作。

4. 工作监护制度

工作监护制度是保证人身安全及操作正确的主要措施，因此应认真进行监护。对有触电危险、施工复杂容易发生事故的工作，应设专责监护人和确定被监护的人员及工作范围。

5. 工作间断制度

在工作中遇特殊情况威胁到工作人员的安全时，可根据情况，临时停止工作。恢复工作前，应检查接地线等各项安全措施的完整性。

6. 工作终结和恢复送电制度

工作结束送电前，工作负责人应会同值班员对检修设备进行全面检查后方可办理送电手续。送电后，工作负责人应检查设备运行情况，正常后方可离开现场。

二、保证安全的技术措施

1. 停电

（1）检修设备停电，应把所有可能来电的电源完全断开（任何运行中的星形接线设备的中性点，应视为带电设备）。禁止在只经断路器（开关）断开电源或只经换流器闭锁隔离电源的设备上工作。停电设备的各端，应有明显的断开点（拉开隔离开关、刀闸，手车开关应拉至试验或检修位置），若无法观察到停电设备的断开点，应有能够反映设备运行状态的电气和机械等指示。与停电设备有关的变压器和电压互感器，应将设备各侧断开，防止向停电检修设备反送电。

（2）检修设备和可能来电侧的断路器（开关）、隔离开关（刀闸）应断开控制电源和合闸电源，隔离开关（刀闸）操作把手必须锁住，确保不会误送电。

（3）对难以做到与电源完全断开的检修设备，可以拆除设备与电源之间的电气连接。

（4）断开有可能反送电低压电源的断路器（开关）、隔离开关（刀闸）和熔断器。

（5）可直接在地面操作的断路器（开关）、隔离开关（刀闸）的操作机构上应加锁，不能直接在地面操作的断路器（开关）、隔离开关（刀闸）应悬挂标示牌；跌落式熔断器的熔管应摘下或悬挂标示牌。

2. 验电

（1）在停电工作地点装接地线前，应先验电，验明线路确无电压。验电时，应使用相应电压等级、合格的接触式验电器。

（2）验电前，应先在有电设备上进行试验，确认验电器良好；无法在有电设备上进行试验时，可用工频高压发生器等确证验电器良好。验电时人体应与被验电设备保持足够的安全距离，并设专人监护。使用伸缩式验电器时应保证绝缘的有效长度。

（3）高压验电应戴绝缘手套。验电器的伸缩式绝缘棒长度应拉足，验电时手应握在手柄处不得超过护环，人体应与被验电设备保持足够的安全距离。

（4）对无法进行直接验电的设备，可以进行间接验电。即通过设备的机械指示位置、电气指示、带电显示装置、仪表及各种遥测、遥信等信号的变化来判断。判断时，至少应有两个非同样原理或非同源的指示发生对应变化，且所有这些确定的指示均已同时发生对应变化，才能确认该设备已无电；若进行遥控操作，则应同时检查隔离开关（刀闸）的状态指示、遥测、遥信信号及带电显示装置的指示进行间接验电。

（5）检修联络用的断路器（开关）、隔离开关（刀闸）或其组合时，应在其两侧验电。

3. 装设接地线

（1）装设接地线应由两人进行。

（2）线路（或设备）经验明确无电压后，应立即装设接地线并三相短路。

（3）电缆及电容器接地前应逐相充分放电，星形接线电容器的中性点应接地，串联电容器及与整组电容器脱离的电容器应逐个多次放电，装在绝缘支架上的电容器外壳也应放电。

（4）站所内，对于可能送电至停电设备的各方面都应装设接地线或合上接地刀闸，所装接地线与带电部分应考虑接地线摆动时仍符合安全距离的规定。

（5）线路上，各工作地点各端和有可能送电到停电线路工作地段的分支线（包括用户）都要验电、装设工作接地线。装、拆接地线应在监护下进行。

（6）对于因平行或邻近带电设备导致检修设备可能产生感应电压时，应加装接地线或工作人员使用个人保安线，加装的接地线应记录在工作票上，个人保安线由工作人员自装自拆。

（7）禁止工作人员擅自变更工作票中指定的接地线位置。如需变更，应由工作负责人征得工作票签发人同意，并在工作票上注明变更情况。

（8）成套接地线应由有透明护套的多股软铜线组成，其截面不准小于 $25mm^2$，同时应满足装设地点短路电流的要求。禁止使用其他导线作接地线或短路线。接地线应使用专用的线夹固定在导体上，禁止用缠绕的方法进行接地或短路。

（9）接地线、接地刀闸与检修设备之间不得连有断路器（开关）或熔断器。若由于设备原因，接地刀闸与检修设备之间连有断路器（开关），在接地刀闸和断路器（开关）合上后，应有保证断路器（开关）不会分闸的措施。

（10）在配电装置上，接地线应装在该装置导电部分的规定地点，这些地点的油漆应刮去，并画有黑色标记。所有配电装置的适当地点，均应设有与接地网相连的接地端，接地电阻应合格。接地线应采用三相短路式接地线，若使用分相式接地线时，应设置三相合一的接地端。

（11）装设接地线时，应先接接地端，后接导线端，接地线应接触良好、连接应可靠。拆接地线的顺序与此相反。装、拆接地线均应使用绝缘棒或专用的绝缘绳。人体不准碰触未接地的导线，以防止触电。带接地线拆设备接头时，应采取防止接地线脱落的措施。

（12）每组接地线均应编号，并存放在固定地点。存放位置亦应编号，接地线号码与存放位置号码应一致。

（13）装、拆接地线，应做好记录，交接班时应交待清楚。

4. 挂标示牌和装设遮栏（围栏）

（1）在一经合闸即可送电到工作地点的断路器（开关）、隔离开关（刀闸）及跌落式熔断器的操作处，均应悬挂“禁止合闸，线路有人工作！”或“禁止合闸，有人工作！”的标示牌。

（2）进行地面配电设备部分停电的工作，人员工作时距设备小于表1-1安全距离以内的未停电设备，应增设临时围栏。临时围栏与带电部分的距离，不准小于表1-2的规定。临时围栏应装设牢固，并悬挂“止步，高压危险!”的标示牌。

(3) 35kV及以下设备的临时围栏，如因工作特殊需要，可用绝缘隔板与带电部分直接接触。绝缘隔板的绝缘性能应符合要求。

表1-1　带电设备安全距离

电压等级（kV）	安全距离（m）
10及以下	0.70
20、35	1.00
63（66）、110	1.50

注　表中未列电压应选用高一电压等级的安全距离。

表1-2　工作人员工作中正常活动范围与带电设备的安全距离

电压等级（kV）	安全距离（m）
10及以下	0.35
20、35	0.60
63（66）、110	1.50

注　表中未列电压应选用高一电压等级的安全距离。

(4) 在室内高压设备上工作，应在工作地点两旁及对面运行设备间隔的遮栏（围栏）上和禁止通行的过道遮栏（围栏）上悬挂“止步，高压危险!”的标示牌。

(5) 高压开关柜内手车开关拉出后，隔离带电部位的挡板封闭后禁止开启，并设置“止步，高压危险!”的标示牌。

(6) 高压配电设备做耐压试验时应在周围设围栏，围栏上应悬挂适当数量的“止步，高压危险!”标示牌。禁止工作人员在工作中移动或拆除围栏和标示牌。

(7) 在室外高压设备上工作，应在工作地点四周装设围栏，其出入口要围至临近道路旁边，并设有“从此进出!”的标示牌。工作地点四周围栏上悬挂适当数量的“止步，高压危险!”标示牌，标示牌应朝向围栏里面。若室外配电装置的大部分设备停电，只有个别地点保留有带电设备而其他设备无触及带电导体的可能时，可以在带电设备四周装设全封闭围栏，围栏上悬挂适当数量的“止步，高压危险!”标示牌，标示牌应朝向围栏外面。严禁越过围栏。

（8）在工作地点设置“在此工作!”的标示牌。

（9）对由于设备原因，接地刀闸与检修设备之间连有断路器（开关），在接地刀闸和断路器（开关）合上后，在断路器（开关）操作把手上，应悬挂“禁止分闸!”的标示牌。在显示屏上进行操作的断路器（开关）和隔离开关（刀闸）的操作处均应相应设置“禁止合闸，有人工作!”或“禁止合闸，线路有人工作!”以及“禁止分闸!”的标记。

（10）严禁工作人员擅自移动或拆除遮栏（围栏）、标示牌。因工作原因必须短时移动或拆除遮栏（围栏）、标示牌，应征得负责人同意，并在负责人监护下进行。作业完毕后应立即恢复。

第五节　资料技术的建立与管理要求

一、一般规定

1. 现场规程

用电单位应制定下列现场规程：

（1）电气安全工作规程（包括安全用具的管理）。

（2）电气运行操作规程（包括停、送电操作顺序）。

（3）电气事故处理规程。

2. 供用电制度

为保证安全供用电，用电单位应遵守下列有关供用电制度：

（1）用电单位应负责与供电企业签订《供用电合同》，并明确规定产权分界点及设备维护管辖范围。

（2）双电源供电（包括自备电源）用户，应与供电企业签订《双电源（自备电源）供电安全协议》；采用可靠完整的联锁装置，防止倒送电事故的发生。

（3）未经供电企业同意，用电单位不得向其他单位转供电源。

（4）用电单位的电工人员，对供电企业安装的计费电能表、最高需量表，应妥为保护并进行巡视检查，不得自行改动，若发现异常应立即报告供电企业。

二、图纸资料和记录本

为做好运行管理工作，用电单位的变配电室（所），应建立健全下列有关图纸资料：

（1）变配电系统一次模拟图板。

（2）继电保护、电能计量二次回路图。

（3）电气设备隐蔽工程图。

（4）运行值班日记。

（5）检修工作记录。

（6）工作票、操作票制度。

（7）缺陷管理记录。

（8）人身和设备事故调查分析记录。

（9）交直流熔断器及断路器（开关）配置表。

第六节　有序用电管理与事故统计和分析

一、有序用电管理

（1）用电单位应根据地方政府部门和供电企业的有关规定，在启动有序用电时，严格执行所公布的有序用电措施，当出现过负荷（或电量）报警时，应立即采取措施，按调荷限电指标减荷。

（2）轮休制度是实行有序用电的一项重要措施，各用电单位应按供电企业编制的用户轮休日进行轮休。

二、事故的统计、分析报告制度

（1）用电单位发生下列用电事故者应立即报告供电企业相关管理部门。

1）用户人身触电重伤或死亡事故。

2）由于用户电气设备事故或误操作事故，引起供电系统停电，变电站开关跳闸。

3）用户发生主要电气设备（如变压器、油开关等）烧坏事故，小动物引起的全厂停电事故。

4）电气设备安装维护不当引起火灾。

5）由于电气设备事故，影响供电企业电能计量准确。

6）高压设备发生单相接地未及时消除。

7）重要或大型电气设备损坏。

8）停电期间向电力系统倒送电。

（2）一旦发生事故值班人员或电气负责人，必须立即记录当时情况，并尽量保留现场。

（3）事故发生后应组织事故调查，分析原因，吸取教训，采取对策，事故调查分析后，应按要求写出事故调查报告，在规定时间内报送供电企业相关管理部门。

第二章　安全工器具及施工机具

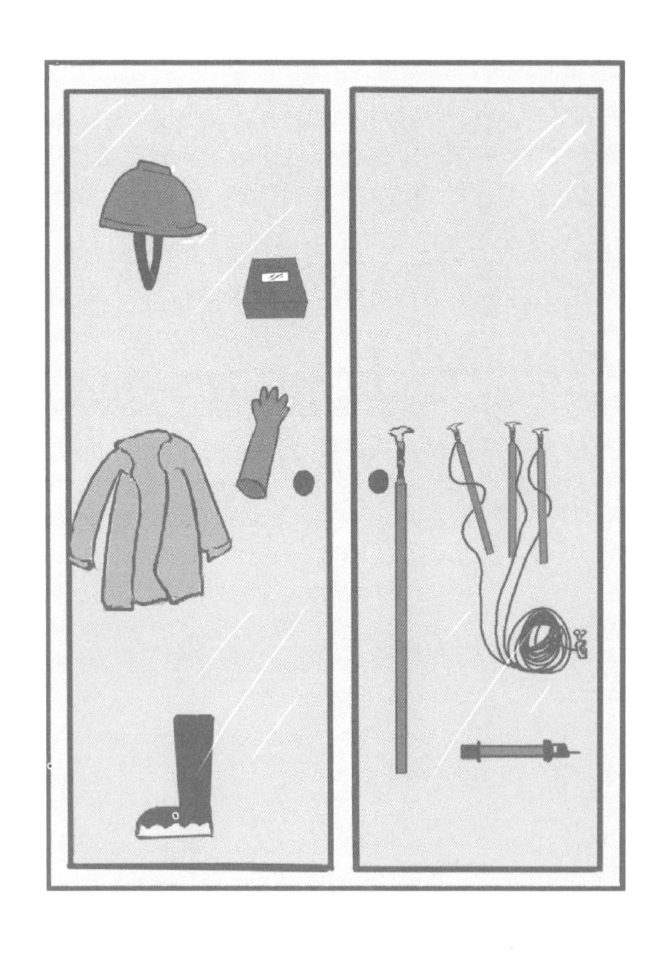

第一节　个人防护用具及绝缘安全工器具

一、个人防护用具

1. 安全帽

（1）任何人进入生产现场（办公室、控制室、值班室和检修班组室除外），必须正确戴好合格的安全帽（见图 2-1）。

（2）安全帽使用前，应检查帽壳、帽衬、帽箍、顶衬、下颏带等附件完好无损。使用时，应将后扣拧到合适位置，锁好下颏带，防止工作中前倾后仰或者其他原因造成滑落。

（3）安全帽的使用期从产品制造完成之日计算：塑料帽不超过两年半；玻璃钢（维纶钢）橡胶帽不超过三年半。使用期满后，要进行抽查测试合格后方可继续使用。

（4）高压近电报警安全帽使用前应检查其音响部分是否良好，但不得作为无电的依据。

图 2-1　安全帽

2. 工作服

工作人员工作时着装必须符合下列规定：

（1）工作时必须穿工作服，衣服和袖口必须扣好，工作服不应有可能被转动的机器绞住的部分。

（2）工作服禁止使用尼龙、化纤或棉、化纤混纺的衣料制作。

（3）进行特殊作业时，必须按规定穿着专用的防护工作服。

3. 绝缘手套（见图 2-2）

（1）使用绝缘手套注意事项：

图 2-2　绝缘手套

1）绝缘手套使用前应进行外观检查。如发现有发黏、裂纹、破口（漏气）、气泡、发脆等损坏时禁止使用。

2）进行设备验电、倒闸操作、装拆接地线等工作应戴绝缘手套。

3）使用绝缘手套时应将上衣袖口套入手套筒口内。

（2）焊工手套：进行电焊、切割工作时佩带。

（3）耐酸碱手套：用于处理酸、碱等化学物质时使用。

4. 护目眼镜或面罩

（1）在装卸高压熔断器和在进行有弧光碎物飞溅、气焊、切割、有腐蚀性液体的工作时，应佩戴护目镜。

（2）预防措施：工作时手不要触及眼睛，有异物进入眼睛时应用水冲洗，或去医务室处理或及时就医，不可由自己试着清除眼中的异物。

（3）在下列情况下必须戴好面罩：

1）处理酸、碱液体。

2）进行某些打磨作业。

3）使用可造成固体物质向外抛出的电锯作业。

5. 绝缘靴

（1）绝缘靴使用前应检查：不得有外伤，无裂纹、无漏洞、无气泡、无毛刺、无划痕等缺陷。如发现有以上缺陷，应立即停止使用并及时更换。

（2）使用绝缘靴时，应将裤管套入靴筒内，并要避免接触尖锐的物体，避免接触高温或腐蚀性物质，防止受到损伤。严禁将绝缘靴挪作他用。

（3）雷雨天气或一次设备有接地时，巡视变电站室外高压设备应穿绝缘靴。

6. 呼吸器

（1）在可能产生有毒气体和缺氧的场所工作时，必须佩戴呼吸器，并按要求使用，使用前应详细阅读操作说明书。

（2）扑救可能产生有毒气体的火灾（如电缆着火等）时，扑救人员应使用正压式消防空气呼吸器。

（3）使用者应根据其面型尺寸选配适宜的面罩号码。

（4）使用前应检查面具的完整性和气密性，面罩密合框应与佩戴者颜面密合，无明显压痛感。

（5）背上气瓶时应注意气瓶阀向下。

（6）使用装具前必须完全打开气瓶阀，同时观察压力表读数，确认压力合格。在听到报警器发出的报警信号后应立即撤离现场。

（7）使用中应注意有无泄漏。

（8）使用后，应按说明书做好装具的维护和保养。

7. 个人保安线

（1）工作地段如有邻近、平行、交叉跨越及同杆塔架设线路，为防止停电检修线路上感应电压伤人，在需要接触或接近导线工作时，应使用个人保安线。

（2）个人保安线应在杆塔上接触或接近导线的作业开始前挂接，作业结束脱离导线后拆除。装设时，应先接接地端，后接导线端，且接触良好，连接可靠。拆除顺序相反。

（3）个人保安线应带有绝缘手柄或绝缘部件，严禁以个人保安线代替接地线。

二、绝缘安全工器具

绝缘安全工器具使用前，应检查确认绝缘部分无裂纹、无老化、无绝缘层脱落、无严重伤痕等现象以及固定连接部分无松动、无锈蚀、无断裂等现象。对其绝缘部分的外观有疑问时应经绝缘试验合格后方可使用。

1. 绝缘杆

（1）使用绝缘杆前，应检查绝缘杆的堵头，如发现破损，应禁止使用。

（2）使用绝缘杆时人体应与带电设备保持足够的安全距离，并注意防止绝缘杆被人体或设备短接，以保持有效的绝缘长度。

（3）雨天在户外操作电气设备时，操作杆的绝缘部分应有防雨罩。罩的上口应与绝缘部分紧密结合，无渗漏现象。

2. 电容型验电器

（1）电容型验电器上应标有电压等级、制造厂和出厂编号。对 110kV 及以上验电器还须标有配用的绝缘杆节数。

（2）验电器分为高压和低压两类，验电时使用相应电压等级、合格的接触式验电器。

（3）高压验电器必须每年经检验合格后方可使用，使用前应检查是否超过有效试验期。

（4）使用电容型验电器时，操作人应戴绝缘手套，穿绝缘靴（鞋），手握在护环下侧握柄部分。人体与带电部分距离应符合《电力安全工作规程》规定的安全距离。

（5）使用抽拉式电容型验电器时，绝缘杆应完全拉开。

（6）验电前，宜先在有电设备上进行试验，确认验电器良好；无法在有电设备上进行试验时可用高压工频信号发生器等确证验电器良好。

（7）电气设备的验电应在要装设接地线或合接地刀闸处对各相分别验电。

（8）线路的验电应逐相进行，先验低压、后验高压，先验下层、后验上层，先验近侧、后验远侧。检修联络用的断路器、隔离开关或其组合时，应在其两侧验电。

3. 接地线

（1）当验明设备（线路）确已无电压后，应立即将检修设备（线路）接地并三相短路。

（2）装设接地线应先接接地端，后接导体端，接地线应接触良好，连接应可靠。拆除接地线的顺序与此相反。

（3）工作地段两端和有可能送电至停电设备（线路）的各方

面（分支线、用户线）都要挂接地线。

（4）所装接地线与带电部分应考虑接地线摆动时仍符合安全距离的规定。

（5）装拆接地线应在监护下进行（经批准可以单人装拆接地线的项目及运行人员除外）。

（6）工作之前必须检查接地线：软铜线是否断头，螺丝连接处有无松动，线钩的弹力是否正常，不符合要求应及时调换或修好后再使用。

（7）在打接地桩时，要选择粘结性强的、有机质多的、潮湿的实地表层，避开过于松散、坚硬风化、回填土及干燥的地表层；如确实无法避开上述土壤电阻率高的场所，则应采取增加接地体根数、长度、面积或埋地深度等措施改善接地电阻。

（8）要爱护接地线，接地线在使用过程中不得扭花，不用时应将软铜线盘好，接地线在拆除后，不得从空中丢下或随地乱摔，要用绳索传递，注意接地线的清洁工作，预防泥沙、杂物进入接地装置的孔隙之中。

（9）不准把接地线夹接在表面油漆过的金属构架或金属板上。

（10）接地线每 5 年做一次成组直流电阻试验，操作棒每 4 年试验一次。

4. 绝缘胶垫

绝缘胶垫应保持完好，出现割裂、破损、厚度减薄，不足以保证绝缘性能等情况时，应及时更换。

三、绝缘安全工器具试验

客户侧变配电运行必须配备相关的安全工器具，若有缺失，应及时购买，对绝缘安全工器具进行试验。绝缘安全工器具试验周期如下：

（1）高压验电器：1 年。

（2）短路接地线：不超过 5 年。

（3）绝缘靴：半年。

（4）绝缘手套：半年。

（5）绝缘杆：1 年。

（6）绝缘胶垫：1 年。

第二节　施工器具及辅助工具

一、电动工具

（1）电源必须接在专用的检修电源上，电源回路上应装设漏电保护器。

（2）电源开关和熔丝应与电动工具的容量匹配，严禁用非易熔金属代替熔断器。

（3）引接的电源线必须使用电缆线。

（4）工具外壳必须有可靠的接地或接零。

（5）做圆周运动的工具，应防范工具被工件“咬住”和飞出的物体伤人。

（6）检修、调整、擦拭或中断使用时，必须将电源完全断开。

（7）在一般作业场所，应尽可能使用Ⅱ类工具。在潮湿作业场所或金属构架上等导电性能良好的作业场所，应使用Ⅱ、Ⅲ类工具。在金属容器、管道内等作业场所，应尽量使用Ⅲ类工具。

（8）在狭窄作业场所或容器内工作应有专人在外监护。

（9）在湿热、雨雪等作业环境，应使用具有相应防护等级的工具。

（10）在梯子上使用工具时，应做好防止感应电的措施。

（11）使用金属外壳的电气工具时应戴绝缘手套。

（12）使用电气工具时，不准提着电气工具的导线或转动部分。在梯子上使用电气工具，应做好防止感电坠落的安全措施。

（13）在使用电气工具工作中，因故离开工作场所或暂时停止工作以及遇到临时停电时，应立即切断电源。

（14）电气工具和用具的电线不准接触热体，不要放在湿地上，并避免载重车辆和重物压在电线上。

（15）移动式电动机械和手持电动工具的单相电源线应使用三芯软橡胶电缆；三相电源线在三相四线制系统中应使用四芯软橡胶电缆，在三相五线制系统中宜使用五芯软橡胶电缆。连接电动机械及电动工具的电气回路应单独设开关或插座，并装设剩余电流保护器（漏电保护器），金属外壳应接地；电动工具应做到“一机一闸一保护”。

（16）长期停用或新领用的电动工具应用500V的绝缘电阻表测量其绝缘电阻，如带电部件与外壳之间的绝缘电阻值达不到2MΩ，应进行维修处理。对正常使用的电动工具也应对绝缘电阻进行定期测量、检查。

（17）电动工具的电气部分经维修后，应进行绝缘电阻测量及绝缘耐压试验，试验电压为380V，试验时间为1min。

（18）在潮湿或含有酸类的场地上以及在金属容器内应使用24V及以下电动工具，否则应使用带绝缘外壳的工具，并装设额定动作电流不大于10mA，一般型（无延时）的剩余电流动作保护器（漏电保护器），且应设专人不间断地监护。剩余电流保护器（漏电保护器）、电源连接器和控制箱等应放在容器外面。电动工具的开关应设在监护人伸手可及的地方。

二、气动工具

（1）气动工具的胶管必须和工具连接牢固，胶管与气板机连接前用压缩空气吹净水分和污物。

（2）必须接在专用的检修气源或空压机上，保证用气的可靠性；使用前气板机上应标明转向。

（3）进入气板机的压缩空气清洁无污，并含有一定分量的润滑油，使用气压保持在0.49～0.7MPa范围内。

（4）软管内径应满足《气动工具一般安全要求》（GB 17957—2000），使用长度不得大于10m，以免影响气压和耗气量。

（5）实际使用扭矩不应超过验收力矩，以免过早损坏机件，同时尽量避免空转。

（6）气动工具的锤子、钻头、套筒等工作部件，检查其部件是否完好，损坏的工具不得使用；使用前应安装牢固，以防在工作时脱落伤人；工作部件停止转动前不准拆换。

（7）使用中如发现冲击速度减慢、连续二次冲击或异常现象，应立即关闭气源停机检查。

（8）检修、调整、擦拭或中断使用时必须关闭气源。

（9）使用结束后用木塞或布头堵住进气孔道，以防污物落入机内。

三、手动工具

（1）每种工具只能按工具的设计用途使用。

（2）工具保持最佳状况——锐利、清洁、润滑、无磨损。

（3）不要使用磨损的工具。

（4）对于受冲击后，变形成蘑菇状的工具，应随时磨掉，以避免打击时成碎片飞击伤人。

特别提示：电气工作中使用的螺丝刀裸露部分应采取绝缘包扎措施，防止发生短路。

四、移动式梯子（见图 2-3）

（1）现场不得存放、使用不符合安全要求的梯子。

（2）人员登梯工作时，应有专人扶梯；在门后或通道上使用梯子，必须设专人监护；梯子放在门前使用时，要采取防止门突然开启的措施。

（3）任何时候只能一人在梯子上工作；上下梯子时，必须双手抓梯，手上不要拿任何物品。

（4）梯子斜靠在脚手架或管子上使用时，上端必须系牢。

（5）在变、配电站（开关站）的带电区域内或临近带电线路处，禁止使用金属梯子。搬运梯子，应放倒两人搬运，并与带电体保持足够的安全距离。

（6）直梯与地面夹角应为 60°左右，工作人员必须在距梯顶

1m 处设限高标志。

图 2-3　移动式梯子

（7）人字梯必须有可靠的限制开度拉链，梯脚要有可靠防滑、绝缘的措施。

（8）工作人员不得超过梯子上标示的红线进行工作。人在梯子上时，禁止移动梯子。

（9）在梯上工作应使用工具包盛放工具或材料，不得将工具或材料放置在梯阶或平台上。

（10）伸缩梯重叠最少 3 个横杆，伸缩梯升至所需高度时，必须检查安全闩是否闩好，并将延伸绳固定在梯子基础段的横杆上。

五、绳梯、钢爬梯

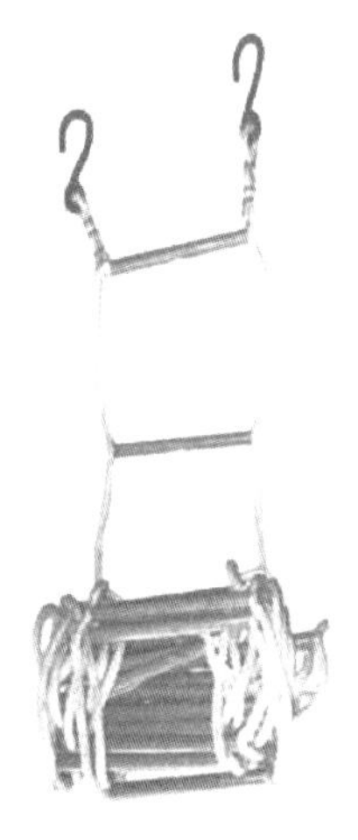
图 2-4　绳梯

（1）绳梯（见图 2-4）使用时要牢固地挂在可靠的构件上，并注意防火、防磨和防腐。

（2）钢爬梯的焊接质量要经专业人员检查确认合格。梯身两边要每隔 3m 各焊上一根长 15cm 的撑框。

（3）钢爬梯使用时，上端应牢固地连接（钩挂）在构筑物上。长度超过 10m 的爬梯，中间每隔 5m 要与构筑物绑牢。

（4）使用绳梯与钢爬梯上下，作业人员必须配套使用安全带和防坠器。

第三章　自备电源（双电源）管理

你们的双电源供电方案符合安全要求，可以实施安装。

第一节　自备电源（双电源）管理要求

一、自备电源的新增、变更

用电方在自备发电机及可能对电网倒送电的其他类型自备电源的新增、变更前，应至供电企业营业窗口办理相关手续，包括：

（1）新增自备电源。

（2）自备电源增容。

（3）更换一、二次接线方式，拆除连锁装置或移位。

（4）拆除自备电源。

二、办理自备电源的新增、变更所需材料

用电方办理自备电源的新增与变更应填写《自备电源新增（变更）申请表》，并提供以下资料：

（1）电气主接线及有关参数。

（2）各电源回路间二次连锁装置接线图。

（3）自备电源的额定容量等参数及保护装置图。

（4）自备发电机的供电范围及图示、保安负荷清单。

三、自备电源的用电方案

用电方自备电源的新增与变更的接入方案、设计图纸应经供电企业审查。用电方如需变更设计方案，应报供电企业重新履行核准手续。

四、自备电源的竣工

用电方自备电源应经供电企业现场检查合格并签订《自备电源协议》后方可投入使用。自备电源实际使用单位若不是与供电企业签订《供用电合同》的用电方，其自备电源新增、变更手续及《自备电源协议》签订由用电方办理。住宅小区公建设施的《供用电合同》及其《自备电源协议》应由其产权人或经产权人授权委托的物业公司签署。

现场检查前用电方向供电企业报送的自备电源竣工资料包括：

（1）工程竣工说明书及相关竣工图纸资料。

（2）电气设备及闭锁装置的试验报告。

（3）隐蔽工程的施工记录。

（4）运行操作的规章和制度。

（5）通信设备及运行维护持证电工名单。

五、自备电源的使用注意事项

用电方自备电源的使用应注意以下事项：

（1）选用的自备电源设备及电气工程必须严格按照国家、地方或行业标准、规程进行设计和施工。

（2）自备电源与电网电源之间必须正确装设切换装置和可靠的连锁装置，确保在任何情况下均无法向电网倒送电。

（3）自备电源应由有资质的持证电工操作，如用电方运行维护管理人员有变动时，须书面通知供电企业。

（4）用电方应按照国家和电力行业有关规程、规范和标准的要求，对自备电源定期进行安全检查、预防性试验、启机试验和切换装置的切换试验，以确保其始终处于良好运行状态，并留有书面记录；制订自备电源运行操作、维护管理的规程制度和应急处置预案，并定期（至少每年一次）进行应急演练。

六、自备电源使用过程中应杜绝的行为

供电企业对用电方自备电源的使用进行检查时，用电方应予以配合。用电方的自备电源在使用过程中应杜绝和防止以下情况发生：

（1）擅自安装（引入）、更换使用自备电源。

（2）将自备电源转供其他用户。

（3）未经许可采用部分负荷用电网电源，部分负荷用自备电源。

（4）自行拆除联锁装置或采用人为方法使闭锁装置失效的。

（5）擅自变更自备发电机使用地点，或以流动方式给其他由电网供电的用电户提供临时电源。

（6）擅自改变自备电源切换、接线方式。

（7）自备电源的供电线路与电网电源供电线路同杆架设或交叉跨越采用裸导线。

（8）其他违约行为：

1）用电方违反上述告知事项的，供电企业将按规定要求用电方当即拆除接线，并与用电方共同对相关设备实施封存，直至用电方完成整改。用电方拒不整改，危及电网及人身安全的，供电企业责令整改并向政府相关部门报告，并按相关规定对用电方中止供电。

2）对未经供电企业同意，用电方擅自安装、更换使用自备电源或将自备电源转供其他客户的，用电方还应根据相关规定承担自备电源容量每千瓦（千伏安）500元的违约使用电费。

3）发生用电方自备电源电力倒送等造成电力运行及人身伤害事故，除按违约用电处理外，供电企业还将根据相关法律、法规、相关政策及《供用电合同》约定，对供电企业及其他客户造成损害的部分，向用电方依法追究法律责任。

第二节　客户自备电源装置技术要求

一、基本要求

客户自备电源的电气装置（见图3-1）必须符合国家、地方标准及电力行业的规程和规定。

图3-1　客户自备电源

二、配置要求

（1）应急电源配置容量标准应达到保安负荷的120%。

（2）应急电源启动时间应满足安全要求。

（3）应急电源与电网电源之间应装设可靠的电气或机械闭锁装置，防止倒送电。

（4）重要性电力用户可以通过租用应急发电车（机）等方式，配置自备应急电源容量。

三、技术要求

1. 切换与连锁

自备电源与电网电源之间必须正确装设切换装置和可靠的连锁装置，确保任何情况下，均无法向电网倒送电。

（1）自备电源与电网电源必须采用“先断后通”的切换方式。

（2）自备电源客户须具有低压配电装置，电网电源与自备电源切换点应装设在低压配电总柜（或应急母线的总柜）处。

（3）自备电源和电网电源的中性线与相线必须同步切换，三相应采用四极双投开关（刀闸），单相采用二极双投开关（刀闸），由此转换电源。

（4）较大容量的发电机组或供电可靠性有特殊要求的，可采用电气闭锁，但应保证在任何情况下，只有一路电源投入运行而无误并列的可能。

（5）同一地点同一负荷配置两台及以上自备发电机时，也必须具备可靠的机械（或电气）连锁，实行“多台并车，一点切换”的方式，并做好满足并列运行的各项技术措施。

2. 其他要求

（1）一个客户的同一用电地点，不得同时使用电网电源和自备电源。

（2）自备发电机和切换点之间的连线不得使用裸导体；自备电源与电网电源不得同杆架设。如发电机装设地点较远，应采用电缆布线，严禁在双投开关（刀闸）前接用任何电器设备。

（3）自备电源的接地网应独立设置，接地电阻应符合规程规定。

第三节　客户高压侧双电源装置技术要求

一、基本要求

客户双电源的电气装置必须符合国家、地方标准及电力行业的规程和规定。

二、技术要求

1. 切换

高压网供电源双电源供电的客户，切换电源时，应向电网调度部门提出申请（书面或电话），经同意后方可切换。切换电源（见图 3-2）时，客户应严格执行倒闸操作票和监护制度。切换完毕后，应向电网调度部门报告。高压开关、隔离开关（刀闸）均应按规定统一编号，以便填写倒闸操作票。如遇发生事故紧急情况，客户可先切断原供电电源后进行转电操作，并做好安全措施，事后应及时向供电企业电网调度部门值班人员报告。

2. 联锁

（1）高压侧开关应有可靠的机械或者电气联锁，并且应保证任何情况下，无误并列、误合环之可能。

（2）凡经供电企业同意两路高压电源分别同时供电的客户，其低压侧应各自分开线路供电，严禁合环运行。同时严禁低压侧使用临时线作为互为备用电源。

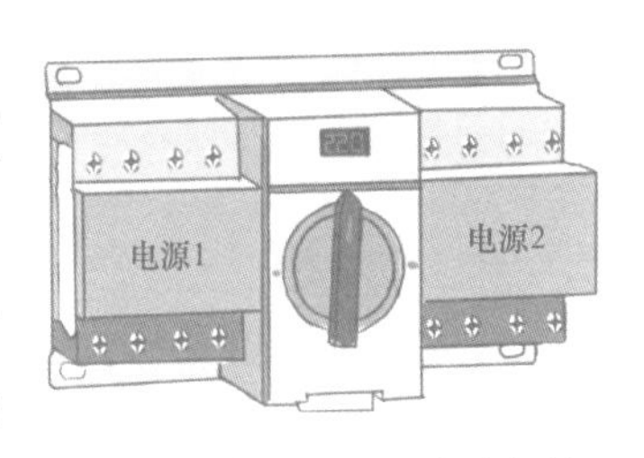

图 3-2　采用双电源自动切换装置进行切换

第四章　安全诚信用电

第一节　停电与中止供电

一、停电

遇有紧急抢修或检修工作需停电时，供电企业按规定提前通知用户，客户应予以配合。

二、中止供电

1. 可中止供电

有下列情形之一的，可中止供电：

（1）对危害供用电安全，扰乱供用电秩序，拒绝检查者；

（2）拖欠电费经通知催交仍不交者；

（3）受电装置经检验不合格，在指定期间未改善者；

（4）客户注入电网的谐波电流超过标准，以及冲击负荷、非对称负荷等对电能质量产生干扰与妨碍，在规定期限内不采取措施者；

（5）拒不在限期内拆除私增用电容量者；

（6）拒不在限期内交付违约用电引起的费用者；

（7）违反安全用电、计划用电有关规定，拒不改正者；

（8）私自向外转供电力者。

2. 即中止供电

有下列情形之一的，不经批准即可中止供电：

（1）不可抗力和紧急避险。

（2）确有窃电行为的。

第二节　安全用电要求

一、安全用电要求

（1）用户受电装置应与电力系统的保护方式相互配合。进线总开关的继保定值整定、校验及电力负荷管理设备的运行由供电企业负责，用户不得擅自变动。

（2）用户应定期进行电气设备和保护装置的检查、检修和试验，消除设备隐患，预防电气设备事故和误动作事故的发生。用户电气设备危及人身和运行安全时，应立即检修。用电方保证受电设施及多路电源的联络、闭锁装置始终处于合格、安全状态，并按照国家或电力行业电气运行规程定期进行安全检查和预防性试验，及时消除安全隐患。

（3）未经供电企业调度人员许可，任何人不得操作调度机构调度管辖范围内的设备。遇有检修工作需要用户配合停电的，用户应给予配合。

（4）用电方应对受电设施进行维护、管理，并负责保护供电人安装在用电方处的用电计量与用电信息采集等装置安全、完好，如有异常，应及时通知供电企业。

（5）用电方受电装置的保护方式应当与供电企业电网的保护方式相互配合，并按照电力行业有关标准或规程进行整定和检验，用电方不得擅自变动。

（6）用电方按无功电力就地平衡的原则，合理装设和投切无功补偿装置。

（7）用电方需确保任何受电装置均由具有相应资质的单位和人员设计、安装、检查和试验，并提供竣工报告给供电企业相关部门备案，由供电企业相关部门组织验收送电；用电方应按规定配备足够的进网作业电工，在受电装置部位作业的电工，须持有有效的“特种作业操作证（电工）”，方可上岗作业。每个单位至少配备 2 名，而且应该在有效期内，定期复审。

（8）电力用户应按照国家及电力行业有关规定加强自身用电安全管理，减少用电安全隐患的产生；按照供电企业出具的《安全隐患整改通知单》要求及时消除用电设施安全隐患并向供电企业书面反馈，对由于客观原因无法按期完成安全隐患整改的，应在整改期限内向供电企业书面说明并承诺延期时限（但原则上整改延期不得超过 6 个月)。

(9)机器的转动部分应装有防护罩或其他防护设备(如栅栏),露出的轴端应设有护盖,以防绞卷衣服。禁止在机器转动时,从联轴器(靠背轮)和齿轮上取下防护罩或其他防护设备。

(10)所有电气设备的金属外壳均应有良好的接地装置。使用中不准将接地装置拆除或对其进行任何工作。

(11)遇有电气设备着火时,应立即将有关设备的电源切断,然后进行救火。消防器材的配备、使用、维护,消防通道的配置等应遵守 DL 5027—2015《电力设备典型消防规程》的规定。

(12)生产厂房内外工作场所的井、坑、孔、洞或沟道,应覆以与地面齐平而坚固的盖板。在检修工作中如需将盖板取下,应设临时围栏。临时打的孔、洞,施工结束后,应恢复原状。

(13)所有升降口、大小孔洞、楼梯和平台,应装设不低于 1050mm 高的栏杆和不低于 100mm 高的护板。如在检修期间需将栏杆拆除时,应装设临时遮栏,并在检修结束时将栏杆立即装回。临时遮栏应由上、下两道横杆及栏杆柱组成。上杆离地高度为 1050～1200mm,下杆离地高度为 500～600mm,并在栏杆下边设置严密固定的高度不低于 180mm 的挡脚板。

(14)电缆线路,在进入电缆工井、控制柜、开关柜等处的电缆孔洞,应用防火材料严密封闭。

二、风险规避

由于多种不利因素特别是自然环境和当前技术水平的制约,供电企业向用电方供应电力所依赖的电网并不完善,供电企业的供电能力因此受到一定限制,存在一定瑕疵。这将会不可避免地给用电方带来一些潜在的风险,甚至有可能造成电压波动、供电中断。为规避上述内容造成的风险,用电方宜采取如下措施:

(1)为可能造成的风险向保险公司投保。

(2)对于需要在电源不间断的情况下运作的系统或设备,安装适当的保护系统,并配备保安电源和(或)自备电源,以确保当电压出现波动、电力供应故障或中断时，该设备能继续正常工作。

（3）采取其他电及非电保安措施确保设备和人身安全。

第三节　配电变压器故障抢修

一、配电变压器故障抢修

（1）用电客户到供电企业营业窗口或拨打供电企业报修电话（见图 4-1）。

图 4-1　报修受理

（2）供电企业相关部门现场对故障设备进行隔离。

（3）供电企业工作人员填写缺陷处理工作传单（工作传单应写明配电变压器烧毁原因，需办理什么业务、计量等其他装置是否需更换及更换方式）一式两份，一份交给客户办理相关业务及工程委托等事宜，一份供电企业存根。电量、电费追补事宜在客户确认后可稍后处理。

（4）配电变压器、计量信息有异动的，客户先到营业窗口办理相关业务（如增容、更换变压器、赔表等）；属客户产权侧故障（配电变压器、计量信息无异动）的，客户直接根据供电企业提供的供电方案将工程委托给有资质的单位进行设计、施工及设备采购。

（5）用电客户配电变压器故障抢修的受电工程“三大市场”同业扩报装“三不指定”的原则一致，详见第七章第一节。

二、配电变压器故障抢修流程

配电变压器故障抢修流程如图4-2所示。

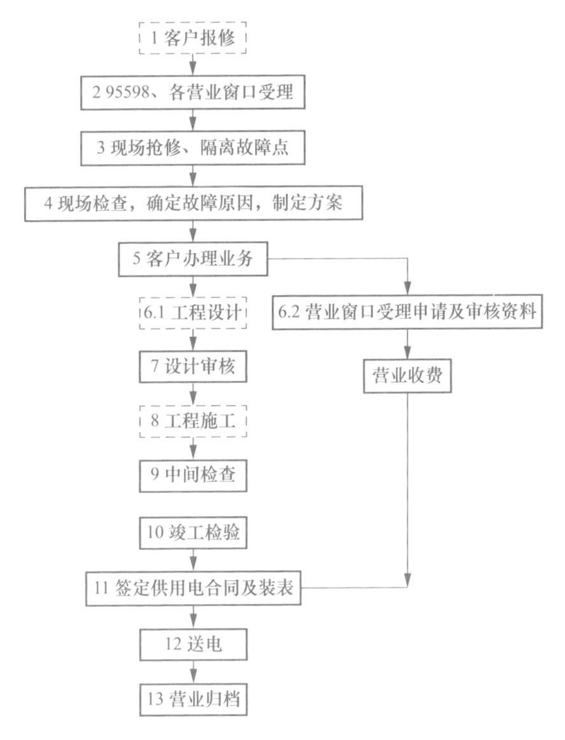

图4-2　配电变压器故障抢修流程

第四节　诚信用电要求

一、违约用电行为

用电单位不得有下列危害供电、用电安全，扰乱正常供电、用电秩序的行为：

（1）擅自改变用电类别。

（2）擅自超过合同约定的容量用电。

（3）擅自超过计划分配的用电指标。

（4）擅自使用已经在供电企业办理暂停使用手续的电力设备，或者擅自启用已经被供电企业查封的电力设备。

（5）擅自迁移、更动或者操作供电企业的用电计量装置、电力负荷控制装置、供电设施以及约定由供电企业调度的用户受电设备。

（6）未经供电企业许可，擅自引入、供出电源或者将自备电源擅自并网。

二、窃电行为

1. 窃电

禁止窃电行为。窃电行为包括：

（1）在供电企业的供电设施上，擅自接线用电。

（2）绕越供电企业用电计量装置用电。

（3）伪造或者开启供电企业授权的计量检定机构加封的用电计量装置封印用电。

（4）故意损坏供电企业用电计量装置。

（5）故意使供电企业用电计量装置不准或者失效。

（6）采用其他方法窃电。

2. 窃电行为的追责处理

供电企业对查获的窃电者，应予制止并可当场终止供电。窃电者应按所窃电量补交电费，并承担补交电费三倍的违约使用电费。拒绝承担窃电责任的，供电企业应报请电力管理部门依法处理。窃电数额较大或情节严重的，供电企业应提请司法机关依法追究刑事责任。

第五章　电力设施安全防破坏

第一节　概　述

一、电力设施基本原则

电力设施属于国家财产，受国家法律保护，禁止任何单位和个人危害电力设施安全或者非法侵占、使用电能。任何单位和个人都有保护电力设施的义务；电力设施产权人或者管理人应当依法履行保护电力设施的义务，并接受政府有关部门和电力管理部门的监督。

城市电网的建设与改造规划，应当纳入城市总体规划。城市人民政府应当按照规划，安排变电设施用地、输电线路走廊和电缆通道。

二、依法保护电力设施

（1）任何单位和个人不得非法占用变电设施用地、输电线路走廊和电缆通道。

（2）任何单位和个人不得危害发电设施、变电设施和电力线路设施及其有关辅助设施。在电力设施周围进行爆破及其他可能危及电力设施安全的作业的，应当按照国务院有关电力设施保护的规定，经批准并采取确保电力设施安全的措施后，方可进行作业。

（3）电力管理部门应当按照国务院有关电力设施保护的规定，对电力设施保护区设立标志。

1）任何单位和个人不得在依法划定的电力设施保护区内修建可能危及电力设施安全的建筑物、构筑物，不得种植可能危及电力设施安全的植物，不得堆放可能危及电力设施安全的物品。

2）在依法划定电力设施保护区前已经种植的植物妨碍电力设施安全的，应当修剪或者砍伐。

（4）任何单位和个人需要在依法划定的电力设施保护区内进行可能危及电力设施安全的作业时，应当经电力管理部门批准并采取安全措施后，方可进行作业。

（5）电力设施与公用工程、绿化工程和其他工程在新建、改建或者扩建中相互妨碍时，有关单位应当按照国家有关规定协商，达成协议后方可施工。

（6）各级公安部门负责依法查处破坏电力设施或哄抢、盗窃电力设施器材的案件。

第二节　电力设施的保护范围和保护区

一、发电厂、变电站设施的保护范围

（1）发电厂、变电站内与发、变电生产有关的设施。

（2）发电厂、变电站外各种专用的管道（沟）、水井、泵站、冷却水塔、油库、堤坝、铁路、道路、桥梁、码头、燃料装卸设施、避雷针、消防设施及附属设施。

（3）水力发电厂使用的水库、大坝、取水口、引水隧洞（含支洞口）、引水渠道、调压井（塔）、露天高压管道、厂房、尾水渠、厂房与大坝间的通信设施及附属设施。

二、电力线路设施的保护范围

（1）架空电力线路：杆塔、基础、拉线（见图 5-1）、接地装置、导线、避雷线、金具、绝缘子、登杆塔的爬梯和脚钉，导线跨越航道的保护设施，巡（保）线站，巡视检修专用道路、船舶和桥梁，标志牌及附属设施。

（2）电力电缆线路：架空、地下、水底电力电缆和电缆联结装置，电缆管道、电缆隧道、电缆沟、电缆桥、电缆井、盖板、人孔、标石、水线标志牌及附属设施。

（3）电力线路上的变压器、电容器、断路器、刀闸、避雷器、互感器、熔断器、计量仪表装置、配电室、箱式变电站及附属设施。

图 5-1　拽倒线路

三、电力线路保护区

（1）架空电力线路保护区：导线边线向外侧延伸所形成的两平行线内的区域，在一般地区各级电压导线的边线延伸距离如下：

1 ～ 10kV：5m；35 ～ 110kV：10m；154 ～ 330kV：15m；500kV：20m。

（2）在厂矿、城镇等人口密集地区，架空电力线路保护区的区域可略小于上述规定。但各级电压导线边线延伸的距离，不应小于导线边线在最大计算弧垂及最大计算风偏后的水平距离和风偏后距建筑物的安全距离之和。

四、电力电缆线路保护区

地下电缆保护区为线路两侧各 0.75m 所形成的两平行线内的区域；海底电缆保护区一般为线路两侧各 2 海里（港内为两侧各 100m），江河电缆保护区一般不小于线路两侧各 100m（中、小河流一般不小于各 50m）所形成的两平行线内的水域。

第三节　电力设施的保护

一、危害电力设施建设的行为

任何单位或个人不得从事下列危害电力设施建设的行为：

（1）非法侵占电力设施建设项目依法征用的土地。

（2）涂改、移动、损害、拔除电力设施建设的测量标桩和标记。

（3）破坏、封堵施工道路，截断施工水源或电源。

二、危害发电厂、变电站设施的行为

任何单位或个人不得从事下列危害发电厂、变电站设施的行为：

（1）闯入厂、站内扰乱生产和工作秩序，移动、损害标志物。

（2）危及输水、排灰管道（沟）的安全运行。

（3）影响专用铁路、公路、桥梁、码头的使用。

（4）在用于水力发电的水库内，进入距水工建筑物300m区域内炸鱼、捕鱼、游泳、划船及其他危及水工建筑物安全的行为。

三、危害电力线路设施的行为

任何单位或个人，不得从事下列危害电力线路设施的行为：

（1）向电力线路设施射击。

（2）向导线抛掷物体。

（3）在架空电力线路导线两侧各300m的区域内放风筝。

（4）擅自在导线上接用电器设备。

（5）擅自攀登杆塔或在杆塔上架设电力线、通信线、广播线，安装广播喇叭。

（6）利用杆塔、拉线作起重牵引地锚。

（7）在杆塔、拉线上拴牲畜、悬挂物体、攀附农作物。

（8）在杆塔、拉线基础的规定范围内取土、打桩、钻探、开

挖或倾倒酸、碱、盐及其他有害化学物品。

（9）在杆塔内（不含杆塔与杆塔之间）或杆塔与拉线之间修筑道路。

（10）拆卸杆塔或拉线上的器材，移动、损坏永久性标志或标志牌。

四、在架空电力线路保护区内的规定

任何单位或个人在架空电力线路保护区内，必须遵守下列规定：

（1）不得堆放谷物、草料、垃圾、矿渣、易燃物、易爆物及其他影响安全供电的物品。

（2）不得烧窑、烧荒。

（3）不得兴建建筑物（见图 5-2）。

（4）不得种植竹子。

（5）经当地电力主管部门同意，可以保留或种植自然生长最终高度与导线之间符合安全距离的树木。

图 5-2　高压线下建房

五、在电力电缆线路保护区内的规定

任何单位或个人在电力电缆线路保护区内，必须遵守下列规定：

（1）不得在地下电缆保护区内堆放垃圾、矿渣、易燃物、易爆物，倾倒酸、碱、盐及其他有害化学物品，兴建建筑物或种植树木、竹子。

（2）不得在海底电缆保护区内抛锚、拖锚。

（3）不得在江河电缆保护区内抛锚、拖锚、炸鱼、挖沙。

六、需批准的作业或活动

任何单位或个人必须经县级以上地方电力主管部门批准，并采取安全措施后，方可进行下列作业或活动：

（1）在架空电力线路保护区内进行农田水利基本建设工程及打桩、钻探、开挖等作业。

（2）起重机械的任何部位进入架空电力线路保护区进行施工。

（3）小于导线与穿越物体之间的安全距离，通过架空电力线路保护区。

（4）在电力电缆线路保护区内进行作业。

七、查验证明、登记收购电力设施器材

经县级以上地方物资、.商业管理部门会同工商行政管理部门、公安部门批准的商业企业可以在批准的范围内查验证明、登记收购电力设施器材。

（1）任何单位出售电力设施器材，必须持有本单位证明；任何个人出售电力设施器材，必须持有所在单位或所在居民委员会、村民委员会出具的证明，到规定的商业企业出售。

（2）任何单位或个人不得非法出售、收购电力设施器材。

八、其他设施的保护

电力主管部门专用架空通信线路、通信电缆线路设施及其附

属设施的保护，按照国家有关规定执行。

第四节　对电力设施与其他设施互相妨碍的处理

一、电力设施建设、保护的一般原则

（1）电力设施的建设和保护应尽量避免或减少给国家、集体和个人造成的损失。

（2）新建架空电力线路不得跨越储存易燃、易爆物品仓库的区域；一般不得跨越房屋，特殊情况需要跨越房屋时，电力主管部门应采取安全措施，并按照《电力设施保护条例》第二十三条的规定与有关主管部门达成协议。

二、电力设施与其他设施互相妨碍的处理

（1）公用工程、城市绿化和其他设施与发电厂、变电站和电力线路设施及其附属设施，在新建、改建或扩建中相互妨碍时，双方主管部门必须按照《电力设施保护条例》和国家有关规定协商，达成协议后方可施工。

（2）电力主管部门应将经批准的电力设施新建、改建或扩建的规划和计划通知城乡建设规划主管部门，并划定保护区域。城乡建设规划主管部门应将发电厂、变电站和电力线路设施及其附属设施的新建、改建或扩建纳入城乡建设规划。

（3）新建、改建或扩建发电厂、变电站和电力线路设施及其附属设施，按照《电力设施保护条例》第二十三条的规定与有关主管部门达成协议后，需要损害农作物，砍伐树木、竹子或拆迁建筑物及其他设施，电力主管部门应按照国家有关规定给予一次性补偿。

第五节　相 关 处 罚

一、非法破坏电力设施、侵占设施用地的处罚（见图 5-3）

（1）任何单位或个人违反《电力设施保护条例》第十三条、

十四条、十五条、十六条、十七条、十八条的规定，电力主管部门有权制止并责令其限期改正；情节严重的，可处以罚款，凡造成损失的，电力主管部门还应责令其赔偿，并建议其上级主管部门对有关责任人员给予行政处分。

（2）凡违反《电力设施保护条例》规定而构成违反治安管理行为的单位或个人，由公安部门根据《中华人民共和国治安管理处罚条例》予以处罚；构成犯罪的，由司法机关依法追究刑事责任。

（3）任何单位或个人违反《电力设施保护条例》第十八条规定，非法侵占电力建设设施依法征用的土地，应按照国家有关规定处理。

二、非法收购或出售电力设施器材的处罚（见图 5-3）

任何单位或个人违反《电力设施保护条例》第十九条的规定，非法收购或出售电力设施器材，由工商行政管理部门按照国家有关规定没收其全部违法所得或实物，并视情节轻重，处以罚款直至吊销营业执照。

图 5-3　相关处罚

三、相关处罚的申诉

当事人对地方电力主管部门给予的行政处罚不服，可以向上一级电力主管部门申诉，对上一级电力主管部门作出的行政处罚仍不服，可在接到处罚通知之日起十五日内向人民法院起诉；期满不起诉又不执行的，由作出行政处罚的电力主管部门申请人民法院强制执行。

第六章 电能质量管理要求

第一节　供电电压和谐波问题

一、供电电压的偏差

在电力系统正常状况下，供电企业供到客户受电端的供电电压允许偏差为：

（1）35kV及以上电压供电的，电压正、负偏差的绝对值之和不超过额定值的10%。

（2）10kV及以下三相供电的，为额定值的±7%。

（3）220V单相供电时，为额定值的+7%，-10%。

（4）对供电点短路容量较小、供电距离较长以及对供电电压偏差有特殊要求的客户，由供、用电双方协议确定。

（5）客户用电功率因数达不到要求的，其受电端的电压偏差不受此限制。

二、谐波的影响（见图6-1）

谐波问题是最为常见的电能质量问题。损耗大大增加，并且严重影响设备安全。

图6-1　谐波的影响

（1）加大线路及变压器损耗，使电缆过热、绝缘老化、降低变压器额定容量。大部分应用场合（电流中谐波成分占20%以上时），谐波治理后的节电率约在5%～20%之间。

（2）严重影响用电设备安全（电容器、电动机、变压器、电缆、断路器等）。

（3）谐波造成损耗的同时，还对电费计量造成较大误差（对供电企业及对电力用户的影响）。

（4）影响电动机效率和正常运行，产生震动和噪声，缩短电动机寿命4%的3次谐波，异步电动机寿命缩短15%；4%的5次谐波，异步电动机寿命缩短8%。

（5）使电容器过载发热，加速电容器老化甚至击穿，导致电容器型补偿不能正常运行（不能投运、易损坏、寿命缩短）。

（6）造成保护装置或断路器误动，导致区域性停电事故。

（7）导致中性线电流过大引发故障，造成中性线发热甚至火灾。

（8）诱发电网谐振，产生数倍甚至数十倍的过电压（过电流）。

（9）损坏敏感的设备。

（10）使电力系统各种测量仪表产生误差。

（11）对通信、电子类设备产生干扰。

第二节　客户设备和负荷的要求

一、用户设备的要求

用户有非线性设备接入电网运行的，应符合下列规定：

（1）用户在新装、变更用电时如有下列用电设备，应向供电企业提供谐波源参数：

1）换流和整流装置，包括电气化铁路、电车整流装置、动力蓄电池用的充电设备等。

2）冶金部门的轧钢机、感应炉和电弧炉。

3）电解槽和电解化工设备。

4）大容量电弧焊机。

5）其他大容量冲击设备的非线性负荷。

（2）客户在设计时应进行流入电网谐波电流值的计算。若某次谐波电流超标，则应加装相应的滤波装置；若某次谐波电流可能超标，则应在设计中考虑预留装设消除谐波装置的地方和费用，以备投运后实测超标时加装。

（3）上述用户应定期测量流入电网的各次谐波电流，并保留实测数据，供电企业将随时进行抽查，客户应予以配合。

（4）如用户注入电网的谐波电流超标而不采取消除谐波措施者，为保证此公共连接点其他客户的电能质量，供电企业可中止对其供电。

二、用户负荷的要求

（1）用户的冲击负荷、波动负荷、非对称负荷对供电质量产生影响或对安全运行构成干扰和妨碍时，客户必须采取措施予以消除。如不采取措施或采取措施不力，达不到《电能质量　电压波动和闪变》（GB/T 12326—2008）或《电能质量　三相电压不平衡》（GB/T 15543—2008）规定的要求时，供电企业可中止对其供电。

（2）用户注入电网的谐波电流不得超过《电能质量　公用电网谐波》（GB/T 14549—1993）的规定。用户的非线性阻抗性的用电设备接入电网运行的注入的谐波电流和引起公共连接点电压正弦波畸变率超过标准时，用户必须采取措施予以消除。否则，供电企业可中止对其供电。

（3）对有大容量冲击负荷的用户，除必须采取有效的技术治理措施外，还应按照与供电企业签订的供用电合同或相关协议中约定，在冲击负荷的启用、暂停等变化前，与供电企业共同制定详细方案并严格执行，确保对电网供电质量、安全运行的影响减至最小。

第三节　电能质量问题整治

有下列情形之一的，供电企业可拒绝电力用户受电设施接入电网或者对电力用户中止供电。

（1）对危害供用电安全，扰乱供用电秩序，拒绝接受检查者。

（2）受电设施经检验不合格，在限定时间内未改善者。

（3）用户注入电网的谐波电流超过标准，以及非线性负荷冲击负荷、波动负荷、非对称负荷等对电能质量产生干扰与妨碍，在规定限期内不采取措施或采取措施不力，达不到《电能质量　电压波动闪变》（GB 12326—2008）或《电能质量　三相电压允许不平衡度》（GB/T 15543—2008）规定的要求者。

第七章　业扩报装及其他

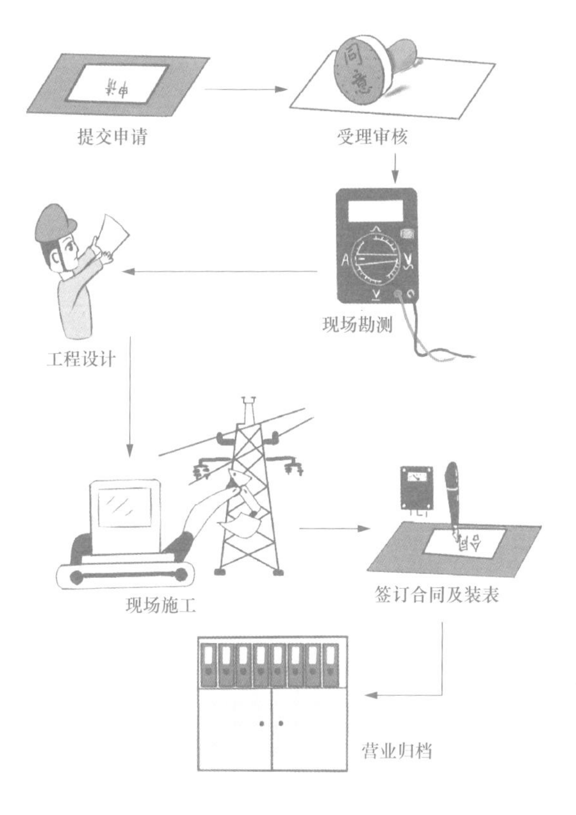

第一节 新装、增容业扩报装

业务扩充又称业扩报装，是受理客户用电申请，根据客户用电需求和电网供电的实际情况，办理用电与供电不断扩充的有关业务工作。

一、客户提出用电需求

（1）通过柜台提交，到供电营业窗口提出需求。

（2）通过电话提交，拨打24小时电力服务热线95598提出需求。

（3）通过掌上电力APP、95598网站等电子渠道申请。

（4）申请事项说明：

1）用电设备容量在100kW以上或需用变压器容量在50kVA以上者，一般应采用10kV及以上电压等级供电，提出用电需求时应提交相关申请资料。

2）配置专用变压器的用电单位应严格遵守国家《电力安全工作规程》，根据用电容量大小、电压等级的不同配备专职和兼职电工。在有效期内的“特种作业操作证（电工）”视为电工有效证件。2017年9月29日后电工取证需根据安监部门的要求执行，具体参考《特种作业人员安全技术培训考核管理规定》（国家安全生产监督管理总局令第30号附件2）。

3）用户的用电设备具有非线性负荷，用户应委托有资质的单位开展电能质量评估工作，并提交初步治理技术方案，作为业扩报装申请的补充资料。

4）由于用电报装具有一定的专业性，用户在办理用电报装过程中，尽可能指派有电力知识的专业人员负责办理。

业扩报装收资清单见表7-1。

表 7-1 业扩报装收资清单

序号	资料名称	备注
一	居民客户	
1	用电主体资格证明材料，即与房屋产权人一致的用电人身份证明［如居民身份证、临时身份证、户口本、军官证或士兵证、台胞证、港澳通行证、外国护照、外国永久居留证（绿卡），或其他有效身份证明文书等］原件及复印件	申请时必备
2	客户承诺书（如果客户申请时提供了与用电人身份一致的有效产权证明原件及复印件的，可不要求签署该承诺书）	如果暂不能提供与用电人身份一致的有效产权证明原件及复印件的，签署承诺书后可在后续环节补充
3	产权证明（复印件）或其他证明文书	
二	非居民客户	
1	用电主体资格证明材料（如身份证、营业执照、组织机构代码证等）	申请时必备。已提供加载统一社会信用代码的营业执照的，不再要求提供组织机构代码和税务登记证明
2	客户承诺书（如果客户申请时提供了所有齐全资料的，可不要求签署该承诺书）	如果暂不能提供与用电人身份一致的有效产权证明原件及复印件的，签署承诺书后可在后续环节补充
3	产权证明（复印件）或其他证明文书	
4	企业、工商、事业单位、社会团体的申请用电委托代理人办理时，应提供： （1）授权委托书或单位介绍信（原件）； （2）经办人有效身份证明复印件（包括身份证、军人证、护照、户口簿或公安机关户籍证明等）	非企业负责人（法人代表）办理时必备
5	政府职能部门有关本项目立项的批复、核准、备案文件	高危及重要客户、高耗能客户必备
6	高危及重要客户： （1）保安负荷具体设备和明细 （2）非电性质安全措施相关资料； （3）应急电源（包括自备发电机组）相关资料	高危及重要客户必备

续表

序号	资料名称	备注
7	煤矿客户需增加以下资料： （1）采矿许可证； （2）安全生产许可证	煤矿客户必备
8	非煤矿山客户需增加以下资料： （1）采矿许可证； （2）安全生产许可证； （3）政府主管部门批准文件	非煤矿山客户必备
9	税务登记证复印件	根据客户用电主体类别提供。已提供加载统一社会信用代码的营业执照的，不再要求提供税务登记证明
10	一般纳税人资格复印件	需要开具增值税发票的客户必备
11	对涉及国家优待电价的应提供政府有权部门核发的资质证明和工艺流程	享受国家优待电价的客户必备
三	迁移杆线	
1	土地产权证明及红线图	
2	申请需迁移的高压电杆名称、编号、高压线两侧的电杆名称、编号	因建设引起建筑物、构筑物与供电设施相互妨碍，需要迁移供电设施或采取防护措施时，应按建设先后的原则，确定其担负的责任
3	所移杆线属第三方产权的应提交第三方同意迁移的函件	

注 增容、变更用电时，客户前期已提供且在有效期以内的资料无需再次提供。

二、供电方案编制及答复

1. 供电方案编制

在接到用户需求资料后，供电企业指派一名专业的项目经理作为将来用户的受电工程全过程跟踪、协调的主要联系人，并进行现场供电条件勘查。现场勘查实行合并作业和联合勘查，根据用户的用电需求、供电方案编制有关规定和技术标准要求，结合现场勘查结果、电网规划、用电需求及当地供电条件等因素，经过技术经济比较、与客户协商一致后，拟定供电方案。

2. 供电方案答复

根据客户供电电压等级和重要性分级，取消供电方案分级审批，实行直接开放、网上会签或集中会审，供电方案拟定完成并审核通过后，并由供电企业在规定的期限内以书面形式统一答复客户。同时，将根据物价部门所规定的收费项目告知用户应缴交的相关营业费用，并提供正式的《业务缴费通知单》。

3. 供电方案修改

供电方案一经确定，在有效期内原则上不应更改。若由于用户的原因，如客户名称、用电地址、用电性质、重要等级、用电最大负荷、供电电源点、外电源路径、供电方式等影响供电方案可行性的重要因素发生变化时，用户需提供书面变更申请，供电企业将依据用户提交的变更资料，修改或重新编制供电方案。若由于供电企业或第三方原因确需修改供电方案的，应主动与用户联系，经协商确定后，重新编制供电方案。

4. 供电方案有效期

供电方案的有效期，是指从供电方案正式通知书发出之日起至受电工程开工日为止。高压供电方案的有效期为一年，逾期注销。当用户遇有特殊情况，需延长供电方案有效期的，应在有效期到期前十天向供电企业提出申请，供电企业将视情况予以办理延长手续。

三、设计及审查、变更

1. 工程设计

（1）用户在供电方案答复书签署确认后，应委托有资质的设计单位以确认的供电方案为依据进行业扩工程设计。

（2）业扩工程设计应按照国家标准、行业标准和地方标准执行。

2. 图纸审核

（1）对于重要或者有特殊负荷（高次谐波、冲击性负荷、波动负荷、非对称性负荷等）的客户，开展设计文件审查，对于普通客户，实行设计单位资质、施工图纸与竣工资料合并报送。受电工程设计文件和有关资料应一式两份送交供电企业审核。设计完毕后，到供电企业供电营业窗口提出图纸审核申请，填写《业扩工程设计图纸审核申请表》，并提交有关设计审查文件资料。

（2）收到用户提交的设计文件资料后，供电企业将根据用户提交的设计文件资料组织相关专业人员依据国家和电力行业的有关标准、规程、地方相关技术规范及相关文件要求进行审核，将一次性提出图纸审核意见，并在规定的期限内将图纸审核意见以书面的形式连同审核过的一份设计文件和有关资料一并退还给用户，以便用户据以施工。

（3）设计图纸审查期限：自受理之日起，高压客户不超过10个工作日。

四、设计变更

用户应根据审核通过的设计图纸进行工程实施；若需变更审核通过的设计文件，应及时将变更后的设计文件再次提交供电企业审核，且应根据审核通过后的变更设计文件进行施工。

五、工程施工

1. 工程施工要求

（1）用户受电工程的设计文件，未经供电企业审核同意，用户不得据此施工，否则，供电企业将不予检验和接电。用户应委托有资质的施工、设备供应与监理单位根据审核通过的设计文件进行工程实施。

（2）用户委托的施工单位应符合国家电监会《承装（修、试）电力设施许可证管理办法》（电监会28号令）或国家能源局相关规定，具备承装（修、试）电力设施许可证、建筑企业资质证书及建筑施工企业安全生产许可证。

（3）供电企业应对施工单位的资质进行核实，同时对于违法承揽工程、开展业务的供电企业不得予以验收。为保障用户的合法权益，建议在工程施工前提前到供电企业供电营业窗口对所委托的施工单位的资质提出核实申请，并按要求提交相关报审资料。

（4）设备产品应符合国家有关规定要求，其中配电设备选型应采用符合国家现行有关标准的高效能节能、环保、安全、性能先进的电气产品，禁止使用国家明令淘汰的产品。为保障用户的合法权益，避免施工过程或施工完成后因设备产品不合格而不通过的情况，建议在设备进场安装前提前到供电营业窗口提出主要设备资料审核申请，按要求提交主要设备检验、试验报告等报审资料。

2. 中间检查

（1）对于重要或者有特殊负荷（高次谐波、冲击性负荷、波动负荷、非对称性负荷等）的客户，受电工程在施工期间，供电企业将根据审核同意的设计文件和有关施工标准，对受电工程中的隐蔽工程进行中间检查。客户应在接地装置、暗敷管线等隐蔽工程覆盖前，向供电营业窗口申请中间检查，填写《业扩工程中间检查申请表》，并提交客户隐蔽工程施工及试验记录一份。

（2）在收到中间检查申请后，供电企业将在五个工作日内组织人员对受电工程的隐蔽工程开展中间检查工作，并将检查意见以书面形式一次性进行告知。对于不符合中间检查标准要求的，将同时向用户出具《业扩工程缺陷整改通知单》，用户按照要求进行整改并在整改完毕后重新向供电企业提出中间检查申请。

3. 计量装置检定

（1）用户计量装置包括计费电能表和电压、电流互感器及二次连接导线。计费电能表的购置、安装、移动、更换、校验、拆除、加封及表计接线等，均由供电企业负责办理，用户应提供工作上的方便。对于自行购置的用于计量的电流、电压互感器，应由供电企业检验合格后方可安装使用。用户可根据工程进度情况及时向供电营业窗口提出计量装置检定申请，并提交设备及相关资料进行检定。

（2）收到计量装置检定申请后，供电企业将安排专业人员对计量装置进行检定，并以书面形式将检定结果一次性答复用户，对于检定合格的，将同时出具检定证明。

4. 保护定值计算

（1）用户受电装置应当与电力系统的继电保护方式相互配合，并按照电力行业有关标准或规程进行整定和检验。由供电企业整定、加封的继电保护装置及其二次回路和供电企业规定的继电保护整定值，用户不得擅自变动。用户可根据工程进度实施情况及时向供电企业提出进线保护及安全自动装置的定值计算申请，并提交定值计算所需的基础资料。

（2）收到定值计算申请后，供电企业将安排专业人员进行保护定值计算，并将定值计算结果以书面形式一次性答复用户。

5. 停（带）电安排

（1）供用电设备计划检修应做到统一安排。供电设备计划检修时，对10kV供电的用户，每年不应超过三次。

（2）因供电设施计划检修需要停电时，应提前七天通知用户或进行公告。用户根据工程进度实施情况及时向供电企业提出停（带）电安排申请，供电企业将在确定停（带）电作业时间后答复用户。

六、工程竣工报验及检验

1. 竣工报验

为保证用户的利益与电网运行安全，用户应在业扩工程竣工后向供电营业窗口提出竣工检验申请，填写《业扩工程竣工报验申请表》，并提交相关竣工检验报审资料。

友情提醒：配置专用变压器的用电单位应严格遵守国家《电力安全工作规程》，按电压等级、容量大小配备电工，所配备电工是否取得电力监管部门或地方安监部门颁发的电工进网作业许可证并经注册作为送电的必备条件，工程竣工报验前提供获得有权部门颁发的电工资质证明。

2. 竣工检验

工程重点查验可能影响电网安全运行的接网设备和涉网保护装置，收到竣工检验申请后，供电企业与客户预约检验时间，按照国家、行业标准、规程和客户竣工报验资料，对受电工程涉网部分进行全面检验。并将检验意见以书面形式一次性告知用户。对于不符合竣工检验标准的，将同时出具《业扩工程缺陷整改通知单》，用户应按照要求进行整改并在整改完毕后重新向供电企业提出竣工检验申请。

3. 竣工检验的期限

竣工检验的期限为自受理之日起，低压客户不超过 3 个工作日，高压客户不超过 5 个工作日。

七、签订供用电合同及送电

1. 合同签订

为明确供用电双方的权利和义务，规范双方履约行为，在工程检验合格后，供电企业将通知签订《供用电合同》。

2. 装表、送电

（1）在竣工检验合格，签订《供用电合同》及相关协议，并按照政府物价部门批准的收费标准结清业务费用后，供电企业将在 5 个工作日内装表接电，用户应协助做好工程送电的配合工作。

（2）工程送电条件包括：新建的供电工程已检验合格、客户受电工程已竣工检验合格、《供用电合同》及相关协议已签订、业务费已结清、电能计量装置已安装并检验合格、客户电气人员具备相关资质、客户安全措施已齐备。

八、临时用电

临时用电，适用于基建工地、市政建设、紧急抢险、农田水利、抗旱排涝、庆祝集会、电影电视拍摄等非永久性用电，所编制的供电方案为临时供电的方案。临时用电期限一般不得超过六个月，逾期不办理延期或永久性正式用电手续的，供电企业应终止供电。临时用电期限对于特殊情况可适当延长，以供用电合同约定的期限为准。向电力用户收取的临时接电费，供电公司按照合同约定及时组织清退。

第二节　变更用电业务

用户需变更用电时，应事先提出申请，并携带有关证明文件，到供电企业用电营业窗口或通过掌上电力 APP、95598 网站办理手续，变更供用电合同。

一、变更用电业务（有工程）

变更用电业务（有工程）：减容、迁址、移表、暂换、改类（增减组表）、改压、分户、并户等业务。变更用电（有工程）与业扩项目流程一致，详见第七章第一节。

二、变更用电业务（无工程）

变更用电业务（无工程）：暂停（恢复）、更名（或过户）、改类（改电价）的变更用电业务。

1. 暂停（恢复）流程

（1）申请事项说明

1）用户申请暂停须在 5 个工作日前提出申请。

2）暂停用电必须是整台或整组变压器停止。

3）申请暂停用电，每次应不少于十五天，每一日历年内暂停时间累计不超过六个月，次数不受限制。暂停时间少于十五天的，则暂停期间基本电费照收。

4）当年内暂停累计期满六个月后，如需继续停用的，可申请减容，减容期限不受限制。

5）自设备加封之日起，暂停部分免收基本电费。如暂停后容量达不到实施两部制电价规定容量标准的，应改为相应用电类别单一制电价计费，并执行相应的电价标准；减容期满后的用户以及新装、增容用户，二年内申办暂停的，不再收取暂停部分容量百分之五十的基本电费。

6）选择最大需量计费方式的用户暂停后，合同最大需量核定值按照暂停后总容量申报。申请暂停周期应以抄表结算周期或日历月为基本单位，起止时间应与抄表结算起止时间或整日历月一致。合同最大需量核定值在下一个抄表结算周期或日历月生效。

7）暂停期满或每一日历年内累计暂停用电时间超过六个月的用户，不论是否申请恢复用电，供电企业须从期满之日起，恢复其原电价计费方式，并按合同约定的容量计收基本电费。

（2）现场封停（启封）

1）营业厅受理人员或者服务调度人员与用户预约现场勘查时间，告知需其配合工作以及相关注意事项，并将流程发至现场工作班组（部门），提醒相应人员及时处理。具备条件的，可由用户自主选择预约服务时间。

2）按照与用户约定的时间，组织到现场实施封停（启封）操作，并由用户在纸质电能计量装拆单或者移动作业终端上签字（电子签名方式）确认表计底度。具备条件的，可通过移动作业终端拍照并上传现场封停（启封）情况，作为存档资料。

2. 过户（更名）

（1）申请事项说明

1）在用电地址、用电容量、用电类别不变条件下，可办理过户（更名）。

2）更名一般只针对同一法人及自然人的名称变更。用户申请符合条件后，由营业窗口业务受理员或服务调度人员实时发起相应的业务流程，核查更名内容，确认更名。

（2）过户

1）原用户应与供电企业结清债务。居民用户如为预付费控用户，应与用户协商处理付费余额，涉及电价优惠的用户，过户后需重新认定。

2）原用户为增值税用户的，过户时必须办理增值税息变更业务。

3）不需要电费清算的低压居民用户，将流程发送至归档环节；需要电费清算的低压居民用户，在业务受理环节进行特抄，特抄成功的，将流程发送至结清电费环节；特抄失败的，将流程发送至现场抄表环节。

4）现场勘查（特抄）。对于特抄失败的低压居民用户，以及低压居民、高压用户，由营业厅受理人员或者服务调度人员与用户预约现场勘查（特抄）时间，告知需其配合工作以及注意事项，并将流程发至现场工作班组（部门），提醒相关人员及时处理。具备条件的，可由用户自主选择预约服务时间。

5）现场工作人员按照约定的时间，开展现场勘查（特抄）及收资等工作。在现场勘查时，应重点核查用户用电地址、用电容量、用电类别等是否发生变化，提供资料与现场是否一致等信息，并填写现场勘查单、计量装拆单或者录入移动作业终端，由用户签字（或者电子签名方式）确认。

（3）合同签订

对于低压居民用户，可采取背书方式签订供用电合同。具备条件的，可通过手机 APP、移动作业终端告知确认、电子签名等方式签订电子合同。对于低压非居民用户、高压用户，按照要求重新签订供用电合同。

（4）电费结算

低压居民用户由系统自动进行电费核算并即时出账。低压非居民、高压用户仍按照原有电费核算流程完成核算出账。

变更用电报装收资清单见表 7-2。

表 7-2　　变更用电报装收资清单

序号	资料名称	备注
1	变更用电申请表	
2	非居民客户主体证明，包括：法人代表有效身份证明（经办人办理时无需提供）、经加盖单位公章的营业执照（或组织机构代码证，宗教活动场所登记证，社会团体法人登记证书，军队、武警出具的办理用电业务的证明）	若系统内存在且在有效期内时非必备
3	主体证明：身份证明原件及复印件（上传照片）（无法提供身份证时，可提供军官证、护照等有效身份证件）；非居民提供新户营业执照（副本）原件及复印件；新户组织机构代码证（副本）原件及复印件	适用过户、更名
4	（1）授权委托书（自然人用户不需要提供） （2）经办人有效身份证明	委托代理人办理时必备
5	房屋产权所有人有效身份证明	适用自然人过户、更名
6	产权证明（复印件）或其他证明文书	适用过户、更名
7	对于属省市重点工程建设项目，应提供由相关主管部门出具的证明文件	适用临时基建用电
8	拆迁许可证或政府相关拆迁证明	适用销户
9	拆迁清单（含每户户号、表号、户名、地址）	适用销户
10	用电设备明细表	适用减容、并户时提供

第三节　充换电设施报装

充换电设施，是指与电动汽车发生电能交换的相关设施的总称，一般包括充电站、换电站、充电塔、分散充电桩等。其用电报装业务分为以下两类：

第一类：居民客户在自有产权或拥有使用权的停车位（库）建设的充电设施。

第二类：其他非居民客户（包括高压客户）在政府机关、公用机构、大型商业区、居民社区等公共区域建设的充换电设施。

一、客户提出用电需求

通过柜台提交，到供电营业窗口提出报装需求。

充换电设施用电申请需提供资料清单见表 7-3。

表 7-3　　充换电设施用电申请需提供资料清单

序号	资料名称	低压	高压
1	报装申请单	△	√
2	身份证原件及复印件	√	√
3	营业执照、组织机构代码证原件及复印件		√
4	固定车位产权证明或产权单位许可证明	√	√
5	物业出具统一使用充换电设施的证明材料	√	
6	需政府职能部门有关项目立项或核准的批复文件（对于特定条件下，如建设项目无法提供相关产权等证明材料时必须提供文件作为支撑说明）		※且√
7	主要充电设备符合国家和行业标准的证明材料		△
8	其他需提供的资料		△

注　1. √：必备；△：视情况；※：可在合同或协议签订环节前提供；
2. 对于在申请阶段暂不能提供全部报装资料的客户，可在后续环节（合同或协议签订前）补充完善，其中对于需政府核准、暂不能提供批复文件的项目，可先行答复施工用电供电方案，提供项目正式用电前期。

二、现场勘查及供电方案答复

（1）现场勘查时核实客户负荷性质、用电容量、用电类别等信息，结合现场供电条件，确定电源、计量、计费方案，并填写《现场勘查工作单》。现场勘查完成后，根据国家、行业相关技术标准组织确定供电方案，并答复客户。同时告知客户委托设计的有关要求及注意事项。现场勘查工作在受理申请后，低压客户 1 个工作日内、高压客户 2 个工作日内完成。答复供电方案工作时限，自受理之日起，低压客户 1 个工作日，高压客户 15 个工作日内完成。

（2）公变下的低压居民客户，可由其先征求物业公司同意后进行申请，营勘人员现场勘查后按具体现场情况判别是否具备实施条件。如不具备实施条件，则申请终止流程。

三、设计审查

受理客户设计审查申请时，接收并查验客户设计资料，审查合格后正式受理，供电企业按照国家、行业标准及供电方案要求进行设计审查。答复客户设计审查结果的同时，告知客户委托施工有关要求及注意事项。设计审查工作时限在受理设计审查申请后10个工作日内完成。

四、竣工检验及装表接电

（1）受理客户充换电设施竣工检验申请后，组织进行工程验收，并出具验收报告。若验收不合格，提出整改意见，待整改完成后复检。在受理竣工检验申请后，低压客户1个工作日，高压客户5个工作日内完成。

（2）验收合格，且客户签订合同并办结相关手续后，供电企业组织完成装表接电工作。其中，对于居民客户，若验收合格并办结有关手续，在竣工检验时同步完成装表接电工作。对于居民客户，若验收合格并办结有关手续，在竣工检验时同步完成装表接电工作。低压客户当日送电，高压客户5个工作日内完成。对客户有特殊要求的，按与客户约定时间装表接电。

第八章　分布式电源并网

多余电量上网
自发自用
分布式电源，是指在用户所在场地或附近建设安装、运行方式以用户侧自发自用为主，多余电量上网……

第一节　分布式电源

分布式电源，是指在用户所在场地或附近建设安装、运行方式以用户侧自发自用为主、多余电量上网，且在配电网系统平衡调节为特征的发电设施或有电力输出的能量综合梯级利用多联供设施。包括太阳能、天然气、生物质能、风能、地热能、海洋能、资源综合利用发电（含煤矿瓦斯发电）等。

第一类：适用于10kV及以下电压等级接入，且单个并网点总装机容量不超过6MW的分布式电源。

第二类：适用于35kV电压等级接入，年自发自用电量大于50%的分布式电源；或10kV电压等级接入且单个并网点总装机容量超过6MW，年自发自用电量大于50%的分布式电源。

第二节　分布式电源报装

一、提出用电需求

（1）通过柜台提交，到供电营业窗口柜台提出需求。

（2）通过电话提交，拨打24小时电力服务热线95598提出需求。

（3）通过掌上电力APP、95598网站等电子渠道申请。

分布式电源报装清单见表8-1。

表8-1　　分布式电源报装清单

序号	资料名称	备注
一	低压客户	
1	户主办理需提供本人身份证原件及复印件，委托他人办理的则需提供户主身份证复印件及授权委托书、经办人身份证原件及复印件	适用个人客户
2	房产证明（或乡镇及以上级政府出具的房屋使用证明）原件及复印件	适用个人客户

续表

序号	资料名称	备注
一	低压客户	
3	合同能源管理项目、公共屋顶光伏项目，还需提供建筑物及设施使用或租用协议	适用个人客户
4	经办人身份证原件及复印件，法人委托书原件（或法人代表身份证原件及复印件），企业法人营业执照原件及复印件	适用非个人客户
5	土地证等项目合法性支持性文件等原件及复印件	适用非个人客户
二	高压客户	
1	经办人身份证原件及复印件和法人委托书原件（或法定代表人身份证原件及复印件）	
2	企业法人营业执照、土地证等项目合法性支持性文件的原件及复印件	
3	需核准的项目（指列入金太阳示范项目目录、太阳能光电建筑应用示范项目名单等享受政府财政补贴的分布式光伏发电项目），需提供政府投资主管部门同意项目开展前期工作的批复	
4	光伏发电项目前期相关资料（包括项目概况、可研报告等）	
5	合同能源管理项目、公共屋顶光伏项目，还需提供建筑物及设施的使用或租用协议	
6	并网点信息表、高压配电室总平图、电气主接线图等制订接入系统方案所需的相关资料	

二、接入系统方案编制及答复

对于利用建筑屋顶及附属场地新建的分布式光伏发电项目，发电量可以“全部自用”、“自发自用剩余电量上网”或“全额上网”，由用户自行选择。发电量选择“全部自用”和“自发自用剩余电量上网”项目，接入用户侧，用户不足用电量由电网提供，上、下网电量分开结算，上网电价执行分布式光伏发电价格政策，用电电价执行国家相关政策；发电量选择“全额上网”项目，就近接入公共电网，用户用电量由电网提供，上、下网电量分开结算，上网电价执行当地光伏电站标杆上网电价政策，用电电价执行国家相关政策。“全额上网”分布式光伏发电项目补助标准参照光伏电站相关政策规定执行。

1. 接入系统方案编制

在接到用户需求资料后，供电企业指派一名专业的项目经理作为将来用户的受电工程全过程跟踪、协调的主要联系人，并进行现场供电条件勘查。根据用户的用电需求，初步拟定供电方案。分布式电源并网电压等级可根据装机容量进行初步选择，参考标准如下：8kW及以下可接入220V；8～400kW可接入380V；400～6000kW可接入10kV；5000～30000kW以上可接入35kV。最终并网电压等级应根据电网条件，通过技术经济比选论证确定。若高低两级电压均具备接入条件，优先采用低电压等级接入。

2. 接入系统方案答复

供电企业为分布式电源项目业主提供接入系统方案制订，工作时限为接入申请受理后第一类项目30个工作日（其中分布式光伏发电单点并网项目10个工作日，多点并网项目20个工作日）、第二类项目50个工作日内，接入系统方案拟定完成并审核通过后，供电企业负责将380V接入项目的接入系统方案确认单，或35kV、10kV接入项目的接入系统方案确认单、接入电网意见函告知项目业主。项目业主签字确认后，根据接入电网意见函开展项目核准（或备案）和工程设计等工作。380V接入项目，接入系统方案等同于接入电网意见函，并将根据物价部门所规定的收费项目告知用户应缴交相关营业费用，并提供正式的《业务缴费通知单》。

3. 接入系统方案修改

供电方案一经确定，在有效期内原则上不应更改。若由于用户的原因，如客户名称、用电地址、用电性质、重要等级、用电最大负荷、供电电源点、外电源路径、供电方式等影响供电方案可行性的重要因素发生变化时，用户需提供书面变更申请，供电企业将依据用户提交的变更资料，修改或重新编制供电方案。若由于供电企业或第三方原因确需修改供电方案的，应主动与用户联系，经协商确定后，重新编制供电方案。

三、设计审核

以35kV、10kV接入的分布式电源，项目业主在项目核准（或备案）后、在接入系统工程施工前，将接入系统工程设计相关资料提交供电企业，供电企业收到资料后10个工作日内出具答复意见并告知项目业主，项目业主根据答复意见开展工程建设等后续工作。

分布式电源设计审查需提供的材料清单见表8-2。

表8-2　分布式电源设计审查需提供的材料清单

序号	资料名称	380V/220V多网点项目	10kV逆变器类项目	35kV项目、10kV旋转电动机类项目
1	若需核准（或备案），提供核准（或备案）文件	√	√	√
2	若委托第三方管理，提供项目管理方资料（工商营业执照、税务登记证、与用户签署的合作协议复印件）	√	√	√
3	项目可行性研究报告		√	√
4	设计单位资质复印件	√	√	√
5	接入工程初步设计报告、图纸及说明书	√	√	√
6	隐蔽工程设计资料		√	√
7	高压电气装置一、二次接线图及平面布置图		√	√
8	主要电气设备一览表	√	√	√
9	继电保护方式	√	√	√
10	电能计量方式	√	√	√

四、并网验收与调试

分布式电源项目主体工程和接入系统工程竣工后，供电企业受理项目业主并网验收及并网调试申请，接受相关材料。分布式电源并网调试和验收需提供的材料清单见表8-3。

（1）供电企业将在受理项目业主并网验收及调试申请后8个工作日内，与用户完成签订发用电合同、签订35kV及10kV接入项目调度协议、安装关口计量和发电量计量装置工作。合同和协议内容执行国家能源局和国家工商行政管理总局相关规定。

（2）供电企业在电能计量装置安装、合同和协议签署完毕后，10个工作日内组织并网验收及并网调试，向项目业主出具并网验收意见，并网调试通过后直接转入并网运行。验收和调试标准按国家有关规定执行。若验收或调试不合格，供电企业向项目业主提出解决方案。

表8-3　分布式电源并网调试和验收需提供的材料清单

序号	资料名称	220V项目	380V项目	10kV逆变器类项目	35kV项目、10kV旋转电机类项目
1	施工单位资质复印件［承装（修、试）电力设施许可证］	√	√	√	√
2	主要设备技术参数、型式认证报告或质检证书，包括发电、逆变、变电、断路器、隔离开关（刀闸）等设备	√	√	√	√
3	并网前单位工程调试报告（记录）		√	√	√
4	并网前单位工程验收报告（记录）	√	√	√	√
5	并网前设备电气试验、继电保护整定、通信联调、电能量信息采集调试记录		√	√	√
6	并网启动调试方案				√
7	项目运行人员名单（及专业资质证书复印件）				√

注　1. 光伏电池、逆变器等设备，需取得国家授权的有资质的检测机构检测报告。
2. 不要求客户开关设备具备检有压合闸功能。
3. 对于居民分布式光伏发电项目，满足并网验收调试技术要求即可，原则上可不要求客户提供施工单位的资质证明材料。

五、并网运行

供电企业与客户签署关于购售电、供用电和调度方面的合同，免费提供关口计量表和发电量计量用电能表，调试通过后直接转入并网运行。

六、其他事项

(1) 供电企业在并网申请受理、项目备案、接入系统方案制订、接入系统工程设计审查、电能表安装、合同和协议签署、并网验收和并网调试、补助电量计量和补助资金结算服务中，不收取任何服务费用。

(2) 由用户出资建设的分布式电源项目及其接入系统工程，其设计单位、施工单位及设备材料供应单位由用户自主选择。

(3) 客户可以登录中华人民共和国住房和城乡建设部网站查询并选择具备相应资质的设计单位，登录中国电力信息公开网查询并选择具备相应资质的施工、试验单位。

第九章　触 电 急 救

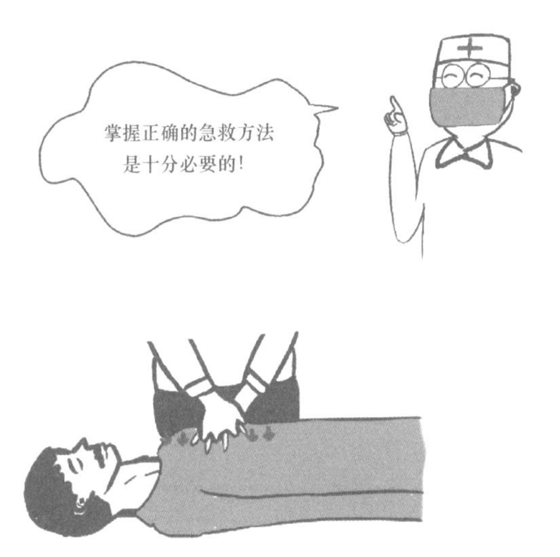

第一节 触　电

一、触电

触电是指人体直接接触或接近带电体时，电流通过人体内部，造成人体内部组织的伤害。当电流作用于人体呼吸、心脏及神经系统时，会使人出现痉挛、呼吸窒息、心颤、心跳骤停等症状，严重时会造成死亡（见图 9-1）。

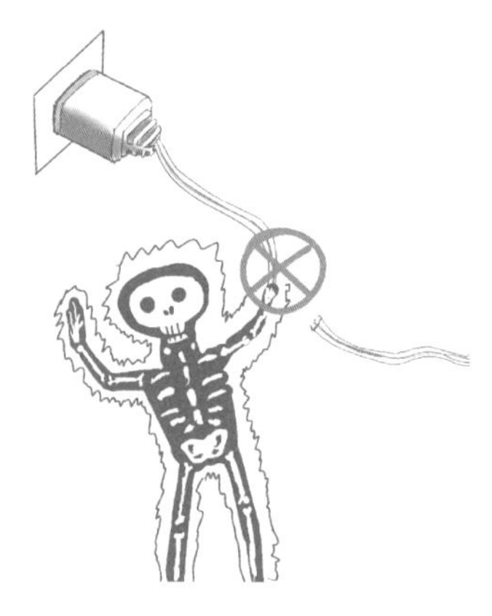

图 9-1　触电

二、触电方式

（1）单相触电。

（2）两相触电。

（3）跨步电压与接触电压触电。

（4）感应电压触电。

（5）雷击触电。

三、触电原理

2mA 以下的电流通过人体，仅产生麻感，对机体影响不大。8～12mA 电流通过人体，肌肉自动收缩，身体常可自动脱离电源，除感到“一击”外，对身体损害不大。但超过 20mA 即可导致接触部位皮肤灼伤，皮下组织也可因此碳化。25mA 以上的电流即可引起心室纤颤，导致血液循环停顿而死亡。

四、安全电压与安全电流

安全电压 36V。

根据《特低电压（ELA）限值》（GB/T 3805—2008）规定，安全电流：交流 50Hz、10mA；直流 50mA。

五、防止触电的技术措施

1. 保护接地

为防止电气装置的金属外壳、配电装置的构架和线路杆塔等带电体危及人身和设备安全而进行的接地。

作用：当电动机或变压器的某相绕组因绝缘损坏而碰壳时，人体电阻远远大于电气设备的接地电阻，通过人体的电流极小，保证了人身安全。

2. 保护接零

为防止人身因电气设备绝缘损坏而遭受触电，将电气设备的外壳与电网的中性点（零线）相连接，这种方式称为保护接零。

作用：当某相线绝缘损坏碰壳时，由于中性线的电阻很小，通过很大的短路电流，熔断器或保护继电器动作，避免了触电危险，保护了人身安全。

3. 工作接地

为了保证电气设备的正常工作，将电力系统中的某一点（通常是中性点）直接或经特殊设备（如消弧线圈、电抗、电阻等）与地作金属连接，称为工作接地。

作用：①降低人体的接触电压；②迅速切断电源；③降低电气设备和线路的绝缘要求。

4. 安装剩余电流动作保护装置

剩余电流动作保护装置又称漏电保护器，是指电路中带电导体对地故障所产生的剩余电流超过规定值时，能够自动切断电源或报警的保护装置。

作用：在低压电网中安装剩余电流动作保护器，是防止人身触电和电气设备损坏的一种有效防护措施。

第二节 触电急救

一、触电急救的原则

进行触电急救，应遵循迅速、就地、准确、坚持的原则。触电急救必须分秒必争，立即就地迅速用心肺复苏法进行抢救，并坚持不断地进行，同时及早与医疗部门联系，争取医务人员接替救治。在医务人员未接替救治前，不应放弃现场抢救，更不能只根据没有呼吸或脉搏擅自判定伤员死亡，放弃抢救。只有医生有权做出伤员死亡的诊断。

二、触电急救的步骤

1. 脱离电源

(1) 触电急救，首先要使触电者迅速脱离电源（见图 9-2），越快越好。因为电流作用的时间越长，伤害越重。

图 9-2　脱离电源

（2）脱离电源就是要把触电者接触的那一部分带电设备的开关、隔离开关（刀闸）或其他断路设备断开，或设法将触电者与带电设备脱离。在脱离电源中，救护人员既要救人，也要注意保护自己。

（3）触电者未脱离电源前，救护人员不准直接用手触及伤员，因为有触电的危险。

（4）如触电者处于高处，脱离电源后会自高处坠落，因此，要采取预防措施。

（5）触电者触及低压带电设备，救护人员应设法迅速切断电源，如拉开电源开关或刀闸，拔除电源插头等；或使用绝缘工具、干燥的木棒、木板、绳索等不导电的东西解脱触电者（见图 9-2）；也可抓住触电者干燥而不贴身的衣服，将其拖开，切记要避免碰到金属物体和触电者的裸露身躯；也可戴绝缘手套或将手用干燥衣物等包起绝缘后解脱触电者；救护人员也可站在绝缘垫上或干木板上，绝缘自己进行救护。为使触电者与导电体解脱，最好用一只手进行。如果电流通过触电者入地，并且触电者紧握电线，可设法用干木板塞到身下，与地隔离，也可用干木把斧子或有绝缘柄的钳子等将电线剪断。剪断电线要分相，一根一根地剪断，并尽可能站在绝缘物体或干木板上。

（6）触电者触及高压带电设备，救护人员应迅速切断电源，或用适合该电压等级的绝缘工具（戴绝缘手套、穿绝缘靴并用绝缘棒）解脱触电者。救护人员在抢救过程中应注意保持自身与周围带电部分必要的安全距离。

（7）如果触电发生在架空线杆塔上，如系低压带电线路，若可能立即切断线路电源的，应迅速切断电源，或者由救护人员迅速登杆，束好自己的安全皮带后，用带绝缘胶柄的钢丝钳、干燥的不导电物体或绝缘物体将触电者拉离电源；如系高压带电线路，又不可能迅速切断电源开关的，可采用抛挂足够截面的适当长度的金属短路线方法，使电源开关跳闸。抛挂前，将短路线一端固定在铁塔或接地引下线上，另一端系重物，但抛掷短路线时，应注意防止电弧伤人或断线危及人员安全。不论是在何种电压等级的线路上触电，救护人员在使触电者脱离电源时都要注意防止发生高处坠落的可能和再次触及其他有电线路的可能。

(8) 如果触电者触及断落在地上的带电高压导线，且尚未确证线路无电，救护人员在未做好安全措施（如穿绝缘靴或临时双脚并紧跳跃地接近触电者）前，不能接近断线点至 8～10m 范围内，防止跨步电压伤人。触电者脱离带电导线后亦应迅速带至 8～10m 以外后立即开始触电急救。只有在确证线路已经无电，才可在触电者离开触电导线后，立即就地进行急救。

(9) 救护触电伤员切除电源时，有时会同时使照明失电，因此应考虑事故照明、应急灯等临时照明。新的照明要符合使用场所防火、防爆的要求，但不能因此延误切除电源和进行急救。

2. 伤员脱离电源后的处理

(1) 触电伤员如神志清醒者，应使其就地躺平，严密观察，暂时不要站立或走动。

(2) 触电伤员如神志不清者，应就地仰面躺平，且确保气道通畅，并用 5s 时间，呼叫伤员或轻拍其肩部，以判定伤员是否丧失意识。禁止摇动伤员头部呼叫伤员。

(3) 需要抢救的伤员，应立即就地坚持正确抢救，并设法联系医疗部门接替救治。

(4) 呼吸、心跳情况的判定：

1) 触电伤员如意识丧失，应在 10s 内，用看、听、试的方法，判定伤员呼吸心跳情况。

① 看——看伤员的胸部、腹部有无起伏动作。

② 听——用耳贴近伤员的口鼻处，听有无呼气声音。

③ 试——试测口鼻有无呼气的气流。再用两手指轻试一侧（左或右）喉结旁凹陷处的颈动脉有无搏动。

2) 若看、听、试结果，既无呼吸又无颈动脉搏动，可判定呼吸心跳停止。

3. 心肺复苏法

(1) 触电伤员呼吸和心跳均停止时，应立即按心肺复苏法支持生命的三项基本措施，正确进行就地抢救。

1）通畅气道。

2）口对口（鼻）人工呼吸。

3）胸外按压（人工循环）。

（2）通畅气道。

1）触电伤员呼吸停止，重要的是始终确保气道通畅。如发现伤员口内有异物，可将其身体及头部同时侧转，迅速用一个手指或用两手指交叉从口角处插入，取出异物；操作中要注意防止将异物推到咽喉深部。

2）通畅气道可采用仰头抬颏法。用一只手放在触电者前额，另一只手的手指将其下颌骨向上抬起，两手协同将头部推向后仰，舌根随之抬起，气道即可通畅。严禁用枕头或其他物品垫在伤员头下，头部抬高前倾，会更加重气道阻塞，且使胸外按压时流向脑部的血流减少，甚至消失。

（3）口对口（鼻）人工呼吸。

1）在保持伤员气道通畅的同时，救护人员用放在伤员额上的手的手指捏住伤员鼻翼，救护人员深吸气后，与伤员口对口紧合，在不漏气的情况下，先连续大口吹气两次，每次1～1.5s。如两次吹气后测试颈动脉仍无搏动，可判断心跳已经停止，要立即同时进行胸外按压。

2）除开始时大口吹气两次外，正常口对口（鼻）呼吸的吹气量不需过大，以免引起胃膨胀。吹气和放松时要注意伤员胸部应有起伏的呼吸动作。吹气时如有较大阻力，可能是头部后仰不够，应及时纠正。

3）触电伤员如牙关紧闭，可口对鼻人工呼吸。口对鼻人工呼吸吹气时，要将伤员嘴唇紧闭，防止漏气。

（4）胸外按压。

1）正确的按压位置是保证胸外按压效果的重要前提。确定正确按压位置的步骤：

① 右手的食指和中指沿触电伤员的右侧肋弓下缘向上，找到

肋骨和胸骨接合处的中点。

② 两手指并齐，中指放在切迹中点（剑突底部），食指平放在胸骨下部。

③ 另一只手的掌根紧挨食指上缘，置于胸骨上，即为正确按压位置。

2）正确的按压姿势是达到胸外按压效果的基本保证。正确的按压姿势为：

① 使触电伤员仰面躺在平硬的地方，救护人员立或跪在伤员一侧肩旁，救护人员的两肩位于伤员胸骨正上方，两臂伸直，肘关节固定不屈，两手掌根相叠，手指翘起，不接触伤员胸壁。

② 以髋关节为支点，利用上身的重力，垂直将正常成人胸骨压陷 3～5cm（儿童和瘦弱者酌减）。

③ 压至要求程度后，立即全部放松，但放松时救护人员的掌根不得离开胸壁。按压必须有效，有效的标志是按压过程中可以触及颈动脉搏动。

3）操作频率：

① 胸外按压要以均匀速度进行，每分钟 100 次左右，每次按压和放松的时间相等；

② 胸外按压与口对口（鼻）人工呼吸同时进行，其节奏为：按压 30 次后吹气 2 次（30∶2），反复进行。

（5）抢救过程中的再判定。

1）瞳孔。复苏有效时，可见触电伤员瞳孔由大变小。如瞳孔由小变大、固定不动、角膜混浊，则说明复苏无效。

2）面色（嘴唇）。复苏有效时，可见触电伤员面色由紫转为红润。如面色变为灰白，则说明复苏无效。

3）颈动脉搏动。心脏按压有效时，每一次按压可以摸到一次搏动，如若停止按压，搏动也消失，应继续进行心脏按压。如停止按压后，脉搏仍在跳动，则说明触电伤员心跳已恢复。

4）神智。复苏有效时，可见触电伤员有眼球活动，睫毛反射与对光反射出现，甚至手脚开始抽动，肌张力增加。

5）出现自主呼吸。复苏有效时，触电伤员自主呼吸出现，并不意味可以停止人工呼吸。如果自主呼吸微弱，仍应坚持口对口人工呼吸。

（6）现场抢救中，不要随意移动触电伤员，若确需移动时，抢救中断时间不应超过30s。移动触电伤员或将其送医院，除应使触电伤员平躺在担架上并在背部垫以平硬阔木板外，应继续抢救，心跳呼吸停止者要继续人工呼吸和胸外心脏按压，在医院医务人员未接替前救治不能中止（见图9-3）。

图9-3　现场抢救

现场心肺复苏的抢救程序及操作时间要求见表9-1。

表9-1　现场心肺复苏的抢救程序及操作时间要求

顺序	时间（s）	操作步骤及要求
1	0～5	判定患者有无意识，呼救
2	5～10	转体位
3	10～15	开放气道（清理异物）
4	15～20	判定呼吸
5	20～25	如无呼吸，人工呼吸两次
6	25～35	判定颈动脉有无搏动（可不做）
7	35～45	无搏动，叩击心前区2次（可不做）
8	45～50	判定正确的按压位置
9	复苏循环	心肺复苏循环（单双人：30∶2）
10	检查效果	检查呼吸、脉搏、瞳孔等